冶金工业建设工程
工程量清单计价规则

（2013 版）

北 京
冶 金 工 业 出 版 社
2014

内 容 简 介

本规则根据住建部和国家质量监督检验检疫总局联合发布的《建设工程工程量清单计价规范》(GB 50500—2013),结合冶金工业建设工程的特点及冶金工程量清单计价试点工作的经验编制而成。本规则共有6章和6个附录,6章分别为总则、术语、工程量清单编制、工程量清单计价、工程量清单计价表格和附录说明;6个附录分别介绍了建筑工程、电气工程、管道工程、炉窑工程、机械设备安装工程和电气设备安装工程工程量清单项目及计算规则。

本规则供从事冶金建设工程造价工作的专业人员和承发包各方在冶金建设工程招投标实际工作中使用。

图书在版编目(CIP)数据

冶金工业建设工程工程量清单计价规则:2013版/《冶金工业建设工程工程量清单计价规则》编制组编制. —北京:冶金工业出版社,2014.4

ISBN 978-7-5024-6572-8

Ⅰ.①冶…　Ⅱ.①冶…　Ⅲ.①冶金工业—建筑工程—工程造价—中国
Ⅳ.①TU723.3

中国版本图书馆CIP数据核字(2014)第064614号

出 版 人　谭学余
地　　址　北京北河沿大街嵩祝院北巷39号，邮编100009
电　　话　(010)64027926　电子信箱　yicbs@cnmip.com.cn
责任编辑　李培禄　美术编辑　吕欣童　版式设计　孙跃红
责任校对　石　静　责任印制　牛晓波
ISBN 978-7-5024-6572-8
冶金工业出版社出版发行；各地新华书店经销；北京印刷一厂印刷
2014年4月第1版，2014年4月第1次印刷
210mm×297mm；17.5印张；586千字；269页
135.00元

冶金工业出版社投稿电话:(010)64027932　投稿信箱:tougao@cnmip.com.cn
冶金工业出版社发行部　电话:(010)64044283　传真:(010)64027893
冶金书店　地址:北京东四西大街46号(100010)　电话:(010)65289081(兼传真)

冶金工业建设工程定额总站

冶建定[2014]07号

关于颁发《冶金工业建设工程工程量清单计价规则》(2013版)的通知

各有关单位：

为规范冶金工业建设工程工程量清单计价行为，维护工程发包与承包双方的合法权益，结合冶金工程建设的特点和总结《冶金工业建设工程工程量清单计价规则》(2007版)在施行中的问题，参考了国家标准《建设工程工程量清单计价规范》(GB 50500—2013)有关规定，我们组织造价专业人员对《冶金工业建设工程工程量清单计价规则》(2007版)进行了补充，经审定，现予颁发。

《冶金工业建设工程工程量清单计价规则》(2013版)适用于冶金工业建设工程在初步设计阶段进行招投标工作的工程量清单计价活动，自2014年3月1日起施行。原《冶金工业建设工程工程量清单计价规则》(2007版)停止执行。

本规则在施行过程中的问题，请注意积累并及时反馈给我们，以便补充完善。

冶金工业建设工程定额总站

2014年2月20日

前　言

本规则根据国家住房和城乡建设部与国家质量监督检验检疫总局联合发布的《建设工程工程量清单计价规范》(GB 50500—2013)，结合冶金工业建设工程的特点及冶金工程量清单计价试点工作的经验编制而成。本规则广泛征求了有关建设单位、设计单位、施工单位、工程造价咨询机构的意见，对其中主要问题进行了多次讨论和修改。

本规则共分6章和6个附录，6章分别为总则、术语、工程量清单编制、工程量清单计价、工程量清单计价表格和附录说明；6个附录分别介绍了建筑工程、电气工程、管道工程、炉窑工程、机械设备安装工程和电气设备安装工程工程量清单项目及计算规则。

本规则是在冶金工业建设工程定额总站的领导下，由宝山钢铁股份有限公司承担主编工作。

本规则的参编单位：

冶金工业武汉预算定额站、冶金矿山预算定额站、首钢总公司、武汉钢铁(集团)公司、太原钢铁集团有限公司、本钢集团有限公司、鞍山钢铁集团公司、包钢建设部工程造价管理站、中冶京诚工程技术有限公司、中冶京城(秦皇岛)工程技术有限公司、中冶赛迪工程技术股份有限公司、中冶南方工程技术有限公司、中冶东方工程技术有限公司、中冶北方工程技术有限公司、中冶华天工程技术有限公司、中冶焦耐工程技术有限公司、上海宝冶集团有限公司、中国五冶集团有限公司、中国二十冶集团有限公司、中冶天工集团有限公司、中国一冶集团有限公司、中国二冶集团有限公司、中国三冶集团有限公司、中国十七冶集团有限公司、中国十九冶集团有限公司、中国二十二冶集团有限公司、中冶建工集团有限公司、上海宝钢建设监理有限公司、上海宝信建设咨询有限公司、上海东方投资监理有限公司、中国建设银行股份有限公司上海宝钢宝山支行、上海宝华国际招标有限公司、山西震益工程建设监理有限公司。

本规则综合组成员：

张德清 乔锡凤 智西巍 林希琤 陈 卫 吴新刚 张连生 赵 波 陈 月
李晓光 朱四宝 杨 明 郑 云 徐战艰 张福山 陈国裕 孙旭东 郭绍君
王 鹏 万 缨 文 萃 付文东

本规则编制组成员：

申 灏 丁晓东 王 佳 沈 礁 郭晓英 楼敏蕾 任永红 胡建芳 李 勤
辛玉生 任静娟 施 辉 巢 琳 王芝兰 汪宏伟 万筱娟 刘 金 李瑜厚
贺志宏 左卫军 曾晓东 宋幸海 常汉军 腾金年 张鹏飞 于耀楠 任少明
杨 钢 王红明 王 侠 杨 钧 张桂琴 金 琳 战 海 朱 莉 陈光明
赵 敏 曾奉标 杨永莉 严洪军 陈 琳 朱晓磊 闵 睿 田立新 王志宏
崔嘉庆 冯健光 李 丹 高 岚 谢赞华 张亦瑜 张亚坤 王丽杰 马凤华
陈 华 钱铮铮 李卫兵 杨立红 胡莉莉 朱 浩 吕发碧 何 宏 马 刚

目　　录

1 总　　则

1.0.1 为规范冶金工业建设工程工程量清单计价行为，统一冶金工业建设工程工程量清单的编制和计价方法，根据《中华人民共和国建筑法》、《中华人民共和国合同法》、《中华人民共和国招标投标法》、《建设工程工程量清单计价规范》等法律法规，制订本规则。

1.0.2 本规则适用于冶金工业建设工程在初步设计阶段进行招投标工作的工程量清单计价活动，凡是冶金工业实行工程量清单计价的招投标都应遵守本规则。

1.0.3 全部使用国有资金投资或国有资金投资为主(以下二者简称国有资金投资)的冶金建设工程施工发承包应执行本规则。

1.0.4 非国有资金投资的建设工程，宜采用工程量清单计价。

1.0.5 招标工程量清单、招标控制价、投标报价、工程价款结算等工程造价文件的编制与核对应由具有资格的工程造价专业人员承担。

1.0.6 冶金建设工程工程量清单计价活动应遵循客观、公正、公平的原则。

1.0.7 本规则附录A、附录B、附录C、附录D、附录E、附录F应作为工程量清单编制的依据。

(1)附录A为建筑工程工程量清单项目及计算规则，适用于冶金工业建筑物和构筑物工程。

(2)附录B为电气工程工程量清单项目及计算规则，适用于冶金工业电气工程。

(3)附录C为管道工程工程量清单项目及计算规则，适用于冶金工业管道工程。

(4)附录D为炉窑工程工程量清单项目及计算规则，适用于冶金炉窑工程。

(5)附录E为机械设备安装工程工程量清单项目及计算规则，适用于冶金工业机械设备安装工程。

(6)附录F为电气设备安装工程工程量清单项目及计算规则，适用于冶金工业电气设备安装工程。

1.0.8 冶金建设工程工程量清单计价活动，除应遵循本规则外，尚应符合国家现行有关法律、法规、标准、规范的规定。

2 术　语

2.0.1　工程量清单

建设工程的分部分项工程项目、措施项目、其他项目、规费项目和税金项目的名称和相应数量等的明细清单。

2.0.2　项目编码

分部分项工程和措施项目工程量清单项目名称的阿拉伯数字标识。

2.0.3　项目特征

构成分部分项工程量清单项目、措施项目自身价值的本质特征。

2.0.4　综合单价

完成一个规定计量单位的分部分项工程量清单项目或措施清单项目所需的人工费、材料和工程设备费、施工机具使用费和企业管理费、利润以及一定范围内的风险费用(风险费用指隐含于已标价工程量清单综合单价中,用于化解发承包双方在工程合同中约定内容和范围内的市场价格波动风险的费用)。

2.0.5　措施项目

为完成工程项目施工,发生于该工程施工准备和施工过程中技术、生活、安全、环境保护等方面的非工程实体项目。

2.0.6　暂列金额

招标人在工程量清单中暂定并包括在合同价款中的一笔款项。用于施工合同签订时尚未确定或者不可预见的所需材料、设备、服务的采购,施工中可能发生的工程变更、合同约定调整因素出现时的工程价款调整以及发生的索赔、现场签证确认等的费用。

2.0.7　暂估价

招标人在工程量清单中提供的用于支付必然发生但暂时不能确定价格的材料、工程设备的单价以及专业工程的金额。

2.0.8　计日工

在施工过程中,承包人完成发包人提出的施工图纸以外的零星项目或工作,按合同中约定的综合单价计价。

2.0.9　总承包服务费

总承包人为配合协调发包人进行的专业工程分包,发包人自行采购的设备、材料等进行保管以及施工现场管理、竣工资料汇总整理等服务所需的费用。

2.0.10　安全文明施工费

承包人按照国家法律、法规等规定,在合同履行中为保证安全施工、文明施工,保护现场内外环境等所采用的措施发生的费用。

2.0.11　施工索赔

在工程合同履行过程中，合同当事人一方因非己方的原因而遭受损失，按合同约定或法规规定应由对方承担责任，从而向对方提出补偿的要求。

2.0.12 现场签证

发包人现场代表与承包人现场代表就施工过程中涉及的责任事件所作的签认证明。

2.0.13 企业定额

施工企业根据本企业的施工技术、施工机械装备和管理水平而编制的人工、材料和施工机械台班等的消耗标准。

2.0.14 规费

根据省级政府或省级有关权利部门规定必须缴纳的，应计入建筑安装工程造价的费用。

2.0.15 税金

国家税法规定的应计入建筑安装工程造价内的营业税、城市维护建设税及教育费附加等。

2.0.16 发包人

具有工程发包主体资格和支付工程价款能力的当事人以及取得该当事人资格的合法继承人。

2.0.17 承包人

被发包人接受的具有工程施工承包主体资格的当事人以及取得该当事人资格的合法继承人。

2.0.18 工程造价咨询人

取得工程造价咨询资质等级证书，接受委托从事建设工程造价咨询活动的当事人以及取得该当事人资格的合法继承人。

2.0.19 招标代理人

取得工程招标代理资质等级证书，接受委托从事建设工程招标代理活动的当事人以及取得该当事人资格的合法继承人。

2.0.20 造价工程师

取得《造价工程师注册证书》，在一个单位注册从事建设工程造价活动的专业人员。

2.0.21 造价员

取得《全国建设工程造价员资格证书》，在一个单位注册从事建设工程造价活动的专业人员。

2.0.22 招标控制价

招标人根据国家或省级、行业建设主管部门颁发的有关计价依据和办法，以及拟定的招标文件和招标工程量清单，结合工程具体情况编制的招标工程的最高投标限价。

2.0.23 投标价

投标人投标时报出的工程合同价。

2.0.24 签约合同价

发承包双方在工程合同中约定的工程造价，包括了分部分项工程费、措施项目费、其他项目费、规费和税金的合同总金额。

2.0.25 竣工结算价

发、承包双方依据国家有关法律、法规和标准规定，按照合同约定确定的，包括在履行合同过程中按合同约定进行的工程变更、索赔和价款调整，是承包人按合同约定完成了全部承包工作后，发包人应付给承包人的合同总金额。

3　工程量清单编制

3.1　一　般　规　定

3.1.1　工程量清单应由具有编制能力的招标人或受其委托，具有相应资质的工程造价咨询人或招标代理人编制。

3.1.2　采用工程量清单方式招标，工程量清单必须作为招标文件的组成部分，其准确性和完整性由招标人负责。

3.1.3　工程量清单是工程量清单计价的基础，应作为编制招标控制价、投标报价、计算工程量工程索赔等的依据之一。

3.1.4　工程量清单应由分部分项工程量清单、措施项目清单、其他项目清单、规费项目清单、税金项目清单组成。

3.1.5　编制工程量清单应依据：

(1)本规则；

(2)建设工程工程量清单计价规范和相关工程的国家计量规范；

(3)国家或省级、行业建设主管部门颁发的计价依据和办法；

(4)建设工程设计文件；

(5)与建设工程项目有关的标准、规范、技术资料；

(6)招标文件及其补充通知、答疑纪要；

(7)施工现场情况、工程特点及常规施工方案；

(8)其他相关资料。

3.2　分部分项工程量清单

3.2.1　分部分项工程量清单应包括项目编码、项目名称、项目特征、计量单位和工程量。

3.2.2　分部分项工程量清单应根据附录规定的项目编码、项目名称、项目特征、计量单位和工程量计算规则进行编制。

3.2.3　分部分项工程量清单的项目编码，应采用十二位阿拉伯数字表示。一至九位应按附录的规定设置，十至十二位应根据拟建工程的工程量清单项目名称设置，同一招标工程的项目编码不得有重码。

3.2.4　分部分项工程量清单的项目名称应按附录的项目名称结合拟建工程的实际确定。

3.2.5　分部分项工程量清单中所列工程量应按附录中规定的工程量计算规则计算。

3.2.6　分部分项工程量清单的计量单位应按附录中规定的计量单位确定。

3.2.7　分部分项工程量清单项目特征应按附录中规定的项目特征，结合拟建工程项目的实际予以描述。

3.2.8 编制工程量清单出现附录中未包括的项目，编制人应作补充，并报冶金工业建设工程定额总站备案。

补充项目的编码由本规则的代码01与B和三位阿拉伯数字组成，并应从01B001起顺序编制，同一招标工程的项目不得重码。工程量清单中需附有补充项目的名称、项目特征、计量单位、工程量计算规则、工程内容。

3.3 措施项目清单

3.3.1 措施项目清单应根据拟建工程的实际情况，参照表3.3.1列项。若出现本规则未列的项目，可根据工程实际情况补充。

表3.3.1 措施项目一览表

序号	项目名称	计量单位	备注
1 通用项目			
1.1	环境保护	元	
1.2	文明施工	元	
1.3	安全施工	元	
1.4	临时设施	元	
1.4.1	临时供水、供电、供气	元	
1.4.2	临时道路	元	
1.4.3	临时排水	元	
1.4.4	其他临时设施	元	
1.5	原有及在建设施保护	元	
1.6	不含于综合单价工程内容内的脚手架	元	
1.7	大型机械设备进出场及安拆	元	
1.8	其他	元	
2 建筑工程			
2.1	压型板安装引起的措施	元	
2.2	钢结构安装引起的措施	元	
2.3	钢结构安装组装平台措施	元	
2.4	深井降水及观测	元	
2.5	地下连续墙、灌注桩等配套使用的泥浆池、沉淀池	元	
2.6	泥浆外运	元	
2.7	顶管	元	
2.8	围堰	元	
2.9	支护措施		
2.9.1	SMW工法	元或m^3	

续表 3.3.1

序　号	项　目　名　称	计量单位	备　　注
2.9.2	钢板桩	元或 t	
2.9.3	不形成工程实体深层搅拌桩	元或 m^3	
2.9.4	不形成工程实体钻孔灌注桩	元或 m^3	
2.9.5	钢管、围檩支撑	元或 t	
2.9.6	不形成工程实体的压密注浆	元或 m^3	
2.9.7	不形成工程实体的地下连续墙	元或 m^3	
2.9.8	其他		
2.10	其他	元	
3　安　装　工　程			
3.1	设备安装引起的措施	元	
3.1.1	行车安装引起的措施	元	
3.1.2	工艺设备安装引起的措施	元	
3.1.3	电气设备安装引起的措施	元	
3.1.4	其他设备安装引起的措施	元	
3.2	电气安装引起的措施	元	
3.3	管道安装引起的措施	元	
3.4	炉窑砌筑引起的措施	元	
3.5	其他	元	

3.3.2　措施费用中可以计算工程量的项目清单宜采用分部分项工程量清单的方式编制，列出项目编码、项目名称、项目特征、计量单位和工程量计算规则；不能计算工程量的项目清单，以“项”为计量单位。

3.3.3　措施项目清单的具体内容由招标文件及合同另行约定。

3.4　其他项目清单

3.4.1　其他项目清单宜按照下列内容列项：

(1)暂列金额；

(2)暂估价，包括材料暂估单价、工程设备暂估单价、专业工程暂估价；

(3)计日工；

(4)总承包服务费；

(5)试车费，包括无负荷试车费及热负荷试车费。

无负荷试车指设备单体试车完成后，整个系统联动空载试运转。

热负荷试车指无负荷试车完成后，整个系统联动投料试运转。

无负荷试车及热负荷试车的组织单位、能源介质费用由招标文件明确。

3.4.2　暂列金额应根据工程特点，按有关计价规定估算。

3.4.3　暂估价中的材料、工程设备暂估价应根据工程造价信息或参照市场价格估算；专业工程暂估价应分不同专业，按有关计价规定估算。

3.4.4　计日工应列出项目和数量。

3.4.5　出现本规则第3.4.1条未列的项目，可根据工程实际情况补充。

3.5　规费项目清单

3.5.1　规费项目清单应按照下列内容列项：

(1)工程排污费；

(2)社会保障费，包括养老保险费、失业保险费、医疗保险费；

(3)住房公积金；

(4)工伤保险；

(5)生育保险。

3.5.2　出现本规则第3.5.1条未列的项目，应根据省级政府或者省级有关权利部门的规定列项。

3.6　税金项目清单

3.6.1　税金项目清单应包括下列内容：

(1)营业税；

(2)城市维护建设税；

(3)教育费附加；

(4)地方教育费附加。

3.6.2　出现本规则第3.6.1条未列的项目，应根据税务部门的规定列项。

4 工程量清单计价

4.1 一 般 规 定

4.1.1 采用工程量清单计价，建设工程造价由分部分项工程费、措施项目费、其他项目费、规费和税金组成。

4.1.2 分部分项工程量清单应采用综合单价计价。

4.1.3 招标工程量清单标明的工程量是投标人投标报价的共同基础，竣工结算的工程量按发、承包双方在合同中约定应予计量且实际完成的工程量确定。

4.1.4 措施项目清单中的安全文明施工费应按照国家或省级、行业建设主管部门的规定计价，不得作为竞争性费用。

4.1.5 规费和税金应按国家或省级、行业建设主管部门的规定计算，不得作为竞争性费用。

4.1.6 采用工程量清单计价的工程，应在招标文件或合同中明确风险内容及其范围（幅度），不得采用无限风险、所有风险或类似语句规定风险内容及其范围（幅度）。

4.2 招 标 控 制 价

4.2.1 国有资金投资的工程建设项目应实行工程量清单招标，招标人应编制招标控制价。招标控制价超过批准的概算时，招标人应将其报原概算审批部门审核。投标人的投标报价高于招标控制价的，其投标应予以拒绝。

4.2.2 招标控制价应由具有编制能力的招标人，或受其委托具有相应资质的工程造价咨询人编制和复核。

4.2.3 招标控制价应在招标时公布，不应上调或下浮，招标人应将招标控制价及有关资料报送工程所在地工程造价管理机构备查。

4.2.4 招标控制价应根据下列依据编制与复核：

(1)本规则；

(2)建设工程工程量清单计价规范；

(3)国家或省级、行业建设主管部门颁发的计价定额和计价办法；

(4)建设工程设计文件及相关资料；

(5)拟定的招标文件及招标工程量清单；

(6)与建设项目有关的标准、规范、技术资料；

(7)施工现场情况、工程特点及常规施工方案；

(8)工程造价管理机构发布的工程造价信息，工程造价信息没有发布的参照市场价；

(9)其他相关资料。

4.2.5 分部分项工程费应根据拟定的招标文件中的分部分项工程量清单项目的特征描述及有关要求计价,并应符合下列规定:

(1)综合单价中应包括拟定的招标文件中要求投标人承担的风险费用。拟定的招标文件没有明确的,应提请招标人明确。

(2)拟定的招标文件提供了暂估单价的材料和工程设备,按暂估的单价计入综合单价。

4.2.6 措施项目费应根据拟定的招标文件中的措施项目清单按本规则第4.1.4条的规定计价。

4.2.7 其他项目费应按下列规定计价:

(1)暂列金额应按招标工程量清单中列出的金额填写。

(2)暂估价中的材料、工程设备单价应按招标工程量清单中列出的单价计入综合单价,暂估价中的专业工程金额应按招标工程量清单中列出的金额填写。

(3)计日工应按招标工程量清单中列出的项目根据工程特点和有关计价依据确定综合单价计算。

(4)总承包服务费应根据招标工程量清单列出的内容和要求估算。

(5)试车费(包括无负荷试车费及热负荷试车费)应根据工程特点和有关计价依据计算。

4.2.8 规费和税金应按本规则第4.1.5条的规定计算。

4.2.9 投标人经复核认为招标人公布的招标控制价未按照本规则的规定进行编制的,应当在招标控制价公布后5天内向招投标监督机构和工程造价管理机构投诉。

招投标监督机构应会同工程造价管理机构对投诉进行处理,发现确有错误的,应责成招标人修改。

4.3 投 标 价

4.3.1 除本规则强制性规定外,投标人应依据招标文件及其招标工程量清单自主确定报价,但不得低于工程成本。

投标价应由投标人或受其委托具有相应资质的工程造价咨询人编制。

4.3.2 投标人应按招标人提供的工程量清单填报价格。填写的项目编码、项目名称、项目特征、计量单位、工程量必须与招标工程量清单一致。

4.3.3 投标报价应根据下列依据编制和复核:

(1)本规则;

(2)建设工程工程量清单计价规范;

(3)国家或省级、行业建设主管部门颁发的计价办法;

(4)企业定额,国家或省级、行业建设主管部门颁发的计价定额;

(5)招标文件、工程量清单及其补充通知、答疑纪要;

(6)建设工程设计文件及相关资料;

(7)施工现场情况、工程特点及拟定的投标施工组织设计或施工方案;

(8)与建设项目有关的标准、规范等技术资料;

(9)市场价格信息或工程造价管理机构发布的工程造价信息;

(10)其他相关资料。

4.3.4 分部分项工程费应依据招标文件及其招标工程量清单中分部分项工程量清单项目的特征描述确定综合单价计算,并应符合下列规定:

(1)综合单价中应考虑招标文件中要求投标人承担的风险费用。

(2)招标工程量清单中提供了暂估单价的材料和工程设备,按暂估的单价计入综合单价。

4.3.5 投标人可根据工程实际情况结合施工组织设计,对招标人所列的措施项目进行增补。

措施项目费应根据招标文件中的措施项目清单及投标时拟定的施工组织设计或施工方案自主确定。其中安全文明施工费应按照本规则第 4.1.4 条的规定确定。

4.3.6 其他项目费应按下列规定报价:

(1)暂列金额应按招标工程量清单中列出的金额填写。

(2)材料、工程设备暂估价应按招标工程量清单中列出的单价计入综合单价,专业工程暂估价应按招标工程量清单中列出的金额填写。

(3)计日工应按招标工程量清单中列出的项目和数量,自主确定综合单价并计算计日工总额。

(4)总承包服务费应根据招标工程量清单中列出的内容和提出的要求自主确定。

(5)试车费(包括无负荷试车费及热负荷试车费)应根据招标文件中提出的要求自主确定。

4.3.7 规费和税金应按本规则第 4.1.5 条的规定确定。

4.3.8 招标工程量清单与计价表中列明的所有需要填写的单价和合价的项目,投标人均应填写且只允许有一个报价。未填写单价和合价的项目,视为此项费用已包含在已标价工程量清单中其他项目的单价和合价之中。竣工结算时,此项目不得重新组价予以调整。

4.3.9 投标总价应当与分部分项工程费、措施项目费、其他项目费和规费、税金的合计金额一致。

4.4 合同价款的约定

4.4.1 实行招标的工程合同价款应在中标通知书发出之日起 30 天内,由发、承包双方依据招标文件和中标人的投标文件在书面合同中约定。

不实行招标的工程合同价款,在发、承包双方认可的工程价款基础上,由发、承包双方在合同中约定。

4.4.2 实行招标的工程,合同约定不得违背招、投标文件中关于工期、造价、质量等方面的实质性内容。招标文件与中标人投标文件不一致的地方,以投标文件为准。

4.4.3 实行工程量清单计价的工程,宜采用单价合同。合同工期较短、建设规模较小、技术难度较低,且施工图设计已审查完备的建设工程可以采用总价合同;紧急抢险、救灾以及施工技术特别复杂的建设工程可以采用成本加酬金合同。

4.4.4 发、承包双方应在合同条款中对下列事项进行约定;合同中没有约定或约定不明的,由双方协商确定;协商不能达成一致的,按本规则执行。

(1)预付工程款的数额、支付时间及抵扣方式;

(2)安全文明施工措施的支付计划、使用要求等;

(3)工程计量与支付工程进度款的方式、数额及时间;

(4)工程价款的调整因素、方法、程序、支付及时间;

(5)施工索赔与现场签证的程序、金额确认与支付时间;

(6)违约责任以及发生工程价款争议的解决方法及时间;

(7)承担风险的内容、范围以及超出约定内容、范围的调整办法;

(8)工程竣工价款结算编制与核对、支付及时间;

(9)工程质量保证(保修)金的数额、预扣方式及时间;

(10)与履行合同、支付价款有关的其他事项等。

4.5 工 程 计 量

4.5.1 工程量应当按照相关工程的现行国家计量规范规定的工程量计算规则计算。

4.5.2 工程计量可选择按月或按工程形象进度分段计量,具体计量周期在合同中约定。

4.5.3 因承包人原因造成的超范围施工或返工的工程量,发包人不予计量。

4.5.4 单价合同的计量应按下列规定执行:

(1)工程计量时,若发现招标工程量清单中出现缺项、工程量偏差,或因工程变更引起工程量的增减,应按承包人在履行合同过程中实际完成的工程量计算。

(2)承包人应当按照合同约定的计量周期和时间,向发包人提交当期已完工程量报告。发包人应在收到报告后7天内核实,并将核实计量结果通知承包人。发包人未在约定时间内进行核实的,则承包人提交的计量报告中所列的工程量视为承包人实际完成的工程量。

(3)发包人认为需要进行现场计量核实时,应在计量前24小时通知承包人,承包人应为计量提供便利条件并派人参加。双方均同意核实结果时,双方应在上述记录上签字确认。承包人收到通知后不派人参加计量,视为认可发包人的计量核实结果。发包人不按照约定时间通知承包人,致使承包人未能派人参加计量,计量核实结果无效。

(4)如承包人认为发包人的计量结果有误,应在收到计量结果通知后的7天内向发包人提出书面意见,并附上其认为正确的计量结果和详细的计算资料。发包人收到书面意见后,应对承包人的计量结果进行复核后通知承包人。承包人对复核计量结果仍有异议的,按照合同约定的争议解决办法处理。

(5)承包人完成已标价工程量清单中每个项目的工程量后,发包人应要求承包人派员共同对每个项目的历次计量报表进行汇总,以核实最终结算工程量。发承包双方应在汇总表上签字确认。

4.5.5 总价合同的计量应按下列规定执行:

(1)总价合同项目的计量和支付应以总价为基础,发承包双方应在合同中约定工程计量的形象目标或时间节点。承包人实际完成的工程量,是进行工程目标管理和控制进度支付的依据。

(2)承包人应在合同约定的每个计量周期内,对已完成的工程进行计量,并向发包人提交达到工程形象目标完成的工程量和有关计量资料的报告。

(3)发包人应在收到报告后7天内对承包人提交的上述资料进行复核,以确定实际完成的工程量和工程形象目标。对其有异议的,应通知承包人进行共同复核。

(4)除按照发包人工程变更规定引起的工程量增减外,总价合同各项目的工程量是承包人用于结算的最终工程量。

4.6 合同价款调整

4.6.1 以下事项(但不限于)发生,发承包双方应当按照合同约定调整合同价款:

(1)法律法规变化;

(2)工程变更;

(3)项目特征差异;

(4)工程量清单缺项;

(5)工程量偏差;

(6)暂估价;

(7)计日工;

(8)现场签证;

(9)不可抗力;

(10)提前竣工(赶工补偿);

(11)误期赔偿;

(12)施工索赔;

(13)暂列金额;

(14)发承包双方约定的其他调整事项。

4.6.2 出现合同价款调增事项(不含工程量偏差、计日工、现场签证、施工索赔)后的14天内,承包人应向发包人提交合同价款调增报告并附上相关资料,若承包人在14天内未提交合同价款调增报告的,视为承包人对该事项不存在调整价款。

4.6.3 发包人应在收到承包人合同价款调增报告及相关资料之日起14天内对其进行核实,予以确认的应书面通知承包人。如有疑问,应向承包人提出协商意见。发包人在收到合同价款调增报告之日起14天内未确认也未提出协商意见的,视为承包人提交的合同价款调增报告已被发包人认可。发包人提出协商意见的,承包人应在收到协商意见后的14天内对其进行核实,予以确认的应书面通知发包人。如承包人在收到发包人的协商意见后14天内既不确认也未提出不同意见的,视为发包人提出的意见已被承包人认可。

4.6.4 如发包人与承包人对不同意见不能达成一致的,只要不实质影响发承包双方履约的,双方应实施该结果,直到其按照合同争议的解决被改变为止。

4.6.5 出现合同价款调减事项(不含工程量偏差、施工索赔)后的14天内,发包人应向承包人提交合同价款调减报告并附相关资料,若发包人在14天内未提交合同价款调减报告的,视为发包人对该事项不存在调整价款。

4.6.6 经发承包双方确认调整的合同价款,作为追加(减)合同价款,与工程进度款或结算款同期支付。

4.6.7 法律法规变化引起的合同价款调整按下列规定执行:

(1)招标工程以投标截止日前28天、非招标工程以合同签订前28天为基准日,其后国家的法律、法规、规章和政策发生变化引起工程造价增减变化的,发承包双方应当按照省级或行业建设主管部门或其授权的工程造价管理机构据此发布的规定调整合同价款。

(2)因承包人原因导致工期延误,且上条规定的调整时间在合同工程原定竣工时间之后,不予调整合同价款。

4.6.8 设计变更引起的合同价款调整按下列规定执行:

(1)已标价工程量清单中有适用于变更工程项目的,采用该项目的单价;已标价工程量清单中没有适用、但有类似于变更工程项目的,可在合理范围内参照类似项目的单价;已标价工程量清单中没有适用也没有类似于变更工程项目的,由承包人根据变更工程资料、计量规则和计价办法、工程造价管理机构发布的信息价格和承包人报价浮动率提出变更工程项目的单价,报发包人确认后调整;已标价工程量清单中没有适用也没有类似于变更工程项目,且工程造价管理机构发布的信息价格缺价的,由承包人根据变更工程资料、计量规则、计价办法和通过市场调查等取得有合法依据的市场价格提出变更工程项目的单价，报发包人确认后调整。

(2)工程变更引起施工方案改变，并使措施项目发生变化的，承包人提出调整措施项目费的，应事先将拟实施的方案提交发包人确认，并详细说明与原方案措施项目相比的变化情况。拟实施的方案经发承包双方确认后执行。该情况下，应按照下列规定调整措施项目费：安全文明施工费，按照实际发生变化的措施项目调整；采用单价计算的措施项目费，按照实际发生变化的措施项目确定单价；按总价计算的措施项目费，按照实际发生变化的措施项目调整，但应考虑承包人报价浮动因素；如果承包人未事先将拟实施的方案提交给发包人确认，则视为工程变更不引起措施项目费的调整或承包人放弃调整措施项目费的权利。

4.6.9 项目特征差异引起的合同价款调整按下列规定执行：

(1)项目特征为根据有关设计文件的实物量参考参数，原则上不因项目特征差异调整合同价款。

(2)若因项目特征差异调整合同价款，需在招标文件及施工合同中约定具体调整方式。

4.6.10 工程量清单缺项引起的合同价款调整按下列规定执行：

(1)合同履行期间，出现招标工程量清单项目缺项的，发承包双方应调整合同价款。

(2)招标工程量清单中出现缺项，造成新增工程量清单项目的，应按照本规则第4.6.8条(1)规定确定单价，调整分部分项工程费。

(3)由于招标工程量清单中分部分项工程出现缺项，引起措施项目发生变化的，应按照本规则第4.6.8条(2)的规定，在承包人提交的实施方案被发包人批准后，计算调整的措施费用。

4.6.11 暂估价引起的合同价款调整按下列规定执行：

(1)发包人在招标工程量清单中给定暂估价的材料、工程设备属于依法必须招标的，应以招标的方式选择供应商。中标价格与招标工程量清单中所列的暂估价的差额以及相应的规费、税金等费用，应列入合同价格。

(2)发包人在招标工程量清单中给定暂估价的材料和工程设备不属于依法必须招标的，经发包人确认后的材料和工程设备价格与招标工程量清单中所列的暂估价的差额以及相应的规费、税金等费用，应列入合同价格。

(3)发包人在工程量清单中给定暂估价的专业工程不属于依法必须招标的，经确认的专业工程价款与招标工程量清单中所列的暂估价的差额以及相应的规费、税金等费用，应列入合同价格。

(4)发包人在招标工程量清单中给定暂估价的专业工程，依法必须招标的，应当依法组织招标选择专业分包人，并接受有管辖权的建设工程招标投标管理机构的监督。专业工程分包中标价格与招标工程量清单中所列的暂估价的差额以及相应的规费、税金等费用，应列入合同价格。

4.6.12 计日工引起的合同价款调整按下列规定执行：

(1)发包人通知承包人以计日工方式实施的零星工作，承包人应予执行。

(2)采用计日工计价的任何一项变更工作，承包人应在该项变更的实施过程中，每天提交相应报表和有关凭证送发包人复核。

(3)任一计日工项目持续进行时，承包人应在该项工作实施结束后的24小时内，向发包人提交有计日工记录汇总的现场签证报告一式三份。发包人在收到承包人提交现场签证报告后的2天内予以确认并将其中一份返还给承包人，作为计日工计价和支付的依据。发包人逾期未确认也未提出修改意见的，视为承包人提交的现场签证报告已被发包人认可。

(4)任一计日工项目实施结束，发包人应按照确认的计日工现场签证报告核实该类项目的工程数量，并根据核实的工程数量和承包人已标价工程量清单中的计日工单价计算，提出应付价款；已标价工程量清单中没有该类计日工单价的，由发承包双方按规定商定计日工单价计算。

(5)每个支付期末，承包人应按规定向发包人提交本期间所有计日工记录的签证汇总表，以说明本期间自己认为有权得到的计日工价款，列入进度款支付。

4.6.13 现场签证引起的合同价款调整按下列规定执行：

(1)承包人应发包人要求完成合同以外的零星项目的，发包人应及时以书面形式向承包人发出指令，提供所需的相关资料；承包人在收到指令后，应及时向发包人提出现场签证要求。

(2)承包人应在收到发包人指令后的7天内，向发包人提交现场签证报告，报告中应写明所需的人工、材料和施工机械台班的消耗量等内容。发包人应在收到现场签证报告后的48小时内对报告内容进行核实，予以确认或提出修改意见。发包人在收到承包人现场签证报告后的48小时内未确认也未提出修改意见的，视为承包人提交的现场签证报告已被发包人认可。

(3)现场签证的工作如已有相应的计日工单价，则现场签证中应列明完成该类项目所需的人工、材料、工程设备和施工机械台班的数量。

如现场签证的工作没有相应的计日工单价，应在现场签证报告中列明完成该签证工作所需的人工、材料设备和施工机械台班的数量及其单价。

(4)合同工程发生现场签证事项，未经发包人签证确认，承包人便擅自施工的，除非征得发包人同意，否则发生的费用由承包人承担。

(5)现场签证工作完成后的7天内，承包人应按照现场签证内容计算价款，报送发包人确认后，作为追加合同价款，与工程进度款同期支付。

4.6.14 不可抗力引起的合同价款调整按下列规定执行：

(1)工程本身的损害、因工程损害导致第三方人员伤亡和财产损失以及运至施工场地用于施工的材料和待安装的设备的损害，由发包人承担。

(2)发包人、承包人人员伤亡由其所在单位负责，并承担相应费用。

(3)承包人的施工机械设备损坏及停工损失，由承包人承担。

(4)停工期间，承包人应发包人要求留在施工场地的必要的管理人员及保卫人员的费用由发包人承担。

(5)工程所需清理、修复费用，由发包人承担。

4.6.15 提前竣工(赶工补偿)引起的合同价款调整按下列规定执行：

(1)发包人要求承包人提前竣工，应征得承包人同意后与承包人商定采取加快工程进度的措施，并修订合同工程进度计划。合同工程提前竣工，发包人应承担承包人由此增加的费用，并按照合同约定向承包人支付提前竣工(赶工补偿)费。

(2)发承包双方应在合同中约定提前竣工每日历天应补偿额度。

4.6.16 误期赔偿引起的合同价款调整按下列规定执行：

(1)如果承包人未按照合同约定施工，导致实际进度迟于计划进度的，发包人应要求承包人加快进度，实现合同工期。

合同工程发生误期，承包人应赔偿发包人由此造成的损失，并按照合同约定向发包人支付误期赔偿费。即使承包人支付误期赔偿费，也不能免除承包人按照合同约定应承担的任何责任和应履行的任何义务。

(2)发承包双方应在合同中约定误期赔偿费，明确每日历天应赔额度。

(3)如果在工程竣工之前，合同工程内的某单位工程已通过了竣工验收，且该单位工程接收证书中表明的竣工日期并未延误，而是合同工程的其他部分产生了工期延误，则误期赔偿费应按照已颁发工程接收证书的单位工程造价占合同价款的比例幅度予以扣减。

4.6.17　施工索赔引起的合同价款调整按下列规定执行：

(1)合同一方向另一方提出索赔时，应有正当的索赔理由和有效证据，并应符合合同的相关约定。

(2)根据合同约定，承包人认为非承包人原因发生的事件造成了承包人的损失，应按国家相关规定向发包人提出索赔。

(3)承包人要求赔偿时，可以选择以下一项或几项方式获得赔偿：延长工期；要求发包人支付实际发生的额外费用；要求发包人支付合理的预期利润；要求发包人按合同的约定支付违约金。

(4)若承包人的费用索赔与工期索赔要求相关联时，发包人在作出费用索赔的批准决定时，应结合工程延期，综合作出费用赔偿和工程延期的决定。

(5)发承包双方在按合同约定办理了竣工结算后，应被认为承包人已无权再提出竣工结算前所发生的任何索赔。承包人在提交的最终结清申请中，只限于提出竣工结算后的索赔，提出索赔的期限自发承包双方最终结清时终止。

(6)根据合同约定，发包人认为由于承包人的原因造成发包人的损失，应参照承包人索赔的程序进行索赔。

(7)发包人要求赔偿时，可以选择以下一项或几项方式获得赔偿：延长质量缺陷修复期限；要求承包人支付实际发生的额外费用；要求承包人按合同的约定支付违约金。

(8)承包人应付给发包人的索赔金额可从拟支付给承包人的合同价款中扣除，或由承包人以其他方式支付给发包人。

4.6.18　暂列金额引起的合同价款调整按下列规定执行：

(1)已签约合同价中的暂列金额由发包人掌握使用。

(2)发包人按照本规则第4.6.7～4.6.17条的规定所作支付后，暂列金额如有余额归发包人。

4.6.19　合同履行期间物价变化引起的合同价款调整按下列规定执行：

由招标文件及施工合同明确：在合同履行期间，因人工、材料、机械台班价格波动影响合同价款时，是否进行调整及调整方式。

5 工程量清单计价表格

5.1 计价表格组成

5.1.1 封面:

(1)工程量清单:封-1。

(2)招标控制价:封-2。

(3)投标总价:封-3。

(4)竣工结算总价:封-4。

5.1.2 总说明:表-01。

5.1.3 汇总表:

(1)工程项目招标控制价/投标报价汇总表:表-02。

(2)工程项目竣工结算汇总表:表-03。

5.1.4 分部分项工程量清单表:

(1)分部分项工程量清单与计价表:表-04。

(2)分部分项工程量清单与计价表—无量单价:表-05。

(3)分部分项工程量清单综合单价分析表:表-06。

5.1.5 措施项目清单表:

(1)措施项目清单与计价表—总价包干部分:表-07。

(2)总价包干措施项目费分析表:表-08。

(3)措施项目清单与计价表—单价包干部分:表-09。

5.1.6 其他项目清单表:

(1)其他项目清单与计价表:表-10。

(2)暂列金额明细表:表-10-1。

(3)材料暂估单价表:表-10-2。

(4)专业工程暂估价表:表-10-3。

(5)计日工表:表-10-4。

(6)总承包服务费计价表:表-10-5。

(7)试车费计价表:表-10-6。

(8)索赔与现场签证计价表:表-10-7。

5.1.7 规费、税金项目清单及计价表:表-11。

封-1

____________________工程

工 程 量 清 单

招 标 人：______________________
（单位盖章）

工程造价
咨 询 人：______________________
（单位资质专用章）

法定代表人
或其授权人：______________________
（签字或盖章）

法定代表人
或其授权人：______________________
（签字或盖章）

编 制 人：______________________
（造价人员签字盖专用章）

复 核 人：______________________
（造价工程师签字盖专用章）

编制日期：____年____月____日

复核时间：____年____月____日

封-2

＿＿＿＿＿＿＿＿工程

招 标 控 制 价

招标控制价(小写)：＿＿＿＿＿＿＿＿＿＿＿＿＿＿＿＿
　　　　　(大写)：＿＿＿＿＿＿＿＿＿＿＿＿＿＿＿＿

招　标　人：＿＿＿＿＿＿＿＿
　　　　　　(单位盖章)

工 程 造 价
咨　询　人：＿＿＿＿＿＿＿＿
　　　　　　(单位资质专用章)

法定代表人
或其授权人：＿＿＿＿＿＿＿＿
　　　　　　(签字或盖章)

法定代表人
或其授权人：＿＿＿＿＿＿＿＿
　　　　　　(签字或盖章)

编　制　人：＿＿＿＿＿＿＿＿
　　　　　　(造价人员签字盖专用章)

复　核　人：＿＿＿＿＿＿＿＿
　　　　　　(造价工程师签字盖专用章)

编 制 日 期：＿＿年＿＿月＿＿日

复 核 时 间：＿＿年＿＿月＿＿日

封-3

投 标 总 价

招 标 人:______________________________

工 程 名 称:______________________________

投标总价(小写):______________________________

(大写):______________________________

投 标 人:______________________________

(单位盖章)

法定代表人

或其授权人:______________________________

(签字并盖章)

编 制 人:______________________________

(造价人员签字盖专用章)

编 制 时 间:______年______月______日

封-4

______________工程

竣 工 结 算 总 价

中标价(小写):______________ (大写):______________

结算价(小写):______________ (大写):______________

发 包 人:________ (单位盖章)

承 包 人:________ (单位盖章)

工程造价咨询人:________ (单位资质专用章)

法定代表人或其授权人:________ (签字或盖章)

法定代表人或其授权人:________ (签字或盖章)

法定代表人或其授权人:________ (签字或盖章)

编 制 人:______________ (造价人员签字盖专用章)

复 核 人:______________ (造价工程师签字盖专用章)

编制日期:____年____月____日

复核时间:____年____月____日

表-01

总 说 明

工程名称： 第 页共 页

表-02

工程项目招标控制价/投标报价汇总表

工程名称：　　　　　　　　　　　　　　　　　　　　　第　页共　页

序号	项　目　名　称	金额/万元	其中:暂估材料价/万元
1	分部分项工程量清单计价合计		
2	措施项目清单计价合计		
2.1	其中:安全文明施工费		
3	其他项目清单计价合计		
3.1	其中:暂列金额		
3.2	专业工程暂估价		
3.3	计日工		
3.4	总承包服务费		
3.5	试车费		
4	规费清单计价合计		
5	税金清单计价合计		
	总价＝1＋2＋3＋4＋5		

表-03

工程项目竣工结算汇总表

工程名称： 第 页共 页

序号	项 目 名 称	金额/万元	其中:暂估材料结算价/万元
1	分部分项工程量清单计价合计		
2	措施项目清单计价合计		
2.1	其中:安全文明施工费		
3	其他项目清单计价合计		
3.1	其中:专业工程结算价		
3.2	计日工		
3.3	总承包服务费		
3.4	试车费		
3.5	索赔与现场签证		
4	规费清单计价合计		
5	税金清单计价合计		
	总价=1+2+3+4+5		

表-04

分部分项工程量清单与计价表

工程名称：　　　　第　页共　页

序号	项目编码	项目名称	项目特征	计量单位	工程数量	综合单价/元	合价/万元	其中暂估材料	
								暂估材料消耗量	暂估材料单价

表-05

分部分项工程量清单与计价表—无量单价

序号	项目编码	项目名称	项目特征	计量单位	综合单价/元	其中暂估材料	
						暂估材料消耗量	暂估材料单价

表-06

分部分项工程量清单综合单价分析表

项目编码：　　　　　　　　　　　　　　　　计量单位：
工程名称：　　　　　　　　　　　　　　　　工程数量：
综合单价：　　元　　　　　　　　　　　　　第　页共　页

序　号	名　称	单　位	消耗量	单价/元	合价/元
	人工费				
	材料费				
	机械费				
	管理费 利润 综合单价				

表-07

措施项目清单与计价表—总价包干部分

工程名称：　　　　　　　　　　　　　　　　　第　页共　页

序　号	项 目 名 称	金额/万元
	合计	

表-08

总价包干措施项目费分析表

工程名称：　　　　　　　　　　　　　　　　　　　　　　第　页共　页

序　号	措施项目名称	计量单位	工程数量	综合单价/元	合价/万元	备　注

表-09

措施项目清单与计价表—单价包干部分

工程名称： 第 页共 页

序 号	项目名称	计量单位	综合单价/元	备 注

表-10

其他项目清单与计价表

工程名称： 第　页共　页

序　号	项　目　名　称	计量单位	金额/万元	备　注
1	暂列金额			明细详见表-10-1
2	暂估价			
2.1	其中:材料暂估单价			明细详见表-10-2
2.2	专业工程暂估价			明细详见表-10-3
3	计日工			明细详见表-10-4
4	总承包服务费			明细详见表-10-5
5	试车费			明细详见表-10-6
6	索赔与现场签证			明细详见表-10-7
	合计			

注:材料暂估单价进入清单项目综合单价,此处不汇总。

表-10-1

暂列金额明细表

工程名称： 第 页共 页

序 号	项 目 名 称	计量单位	暂定金额/万元	备 注
1				
2				
3				
4				
5				
6				
7				
8				
9				
10				
	合计			

注：此表由招标人填写，如不能详列，也可只列暂定金额总额，标投人应将上述暂列金额计入投标总价中。

表-10-2

材料暂估单价表

工程名称：　　　　　　　　　　　　　　　　　　　　　　　　第　页共　页

序　号	材料(设备)名称	规格型号	计量单位	单价/万元	备　注

注：1. 此表由招标人填写，并在备注栏说明暂估价的材料拟用在哪些清单项目上，投标人应将上述材料暂估单价计入工程量清单综合单价报价中。

2. 材料包括原材料、燃料、构配件以及按规定应计入建筑安装工程造价的设备。

表-10-3

专业工程暂估价表

工程名称： 第 页共 页

序 号	项 目 名 称	工程内容	暂定金额/万元	备 注
1				
2				
3				
4				
5				
6				
7				
8				
9				
10				
	合计			

注：此表由招标人填写，投标人应将上述专业工程暂估价计入投标总价中。

表-10-4

计 日 工 表

工程名称：　　　　　　　　　　　　　　　　　　　　　　　　第　页共　页

序　号	项 目 名 称	计量单位	暂定数量	综合单价	合　计
一	人工				
1					
2					
3					
4					
	人工小计				
二	材料				
1					
2					
3					
4					
	材料小计				
三	施工机械				
1					
2					
3					
4					
	施工机械小计				
	合计				

注：此表项目名称、数量由招标人填写，编制招标控制价时，单价由招标人按有关计价规定确定；投标时，单价由投标人自主报价，计入投标总价中。

表-10-5

总承包服务费计价表

工程名称：　　　　　　　　　　　　　　　　　　第　页共　页

序　号	项 目 名 称	项目价值/万元	服务内容	费率/%	金额/万元
1					
2					
3					
4					
5					
6					
7					
8					
9					
10					
	合计				

表-10-6

试车费计价表

工程名称： 第 页共 页

序 号	项 目 名 称	工程内容	金额/万元	备 注
1				
2				
3				
4				
5				
6				
7				
8				
9				
10				
	合计			

表-10-7

索赔与现场签证计价表

工程名称：　　　　　　　　　　　　　　　　　　　　　第　页共　页

序　号	签证及索赔项目名称	计量单位	数量	单价/元	合价/万元	索赔与签证依据
1						
2						
3						
4						
5						
6						
7						
8						
9						
10						
	合计					

注：签证及索赔依据是指经双方认可的签证单和索赔依据的编号。

表-11

规费、税金项目清单及计价表

工程名称：　　　　　　　　　　　　　　　　　　　第　页共　页

序　号	项　目　名　称	计量基础	费率/%	金额/万元
1	规费			
1.1	其中:工程排污费			
1.2	社会保障费			
(1)	养老保险费			
(2)	失业保险费			
(3)	医疗保险费			
1.3	住房公积金			
1.4	危险作业意外伤害保险			
1.5	工程定额测定费			
2	税金			
	合计			

注:税金的计算基础为:分部分项工程费＋措施项目费＋其他项目费＋规费。

5.2　计价表格使用规定

5.2.1　工程量清单与计价宜采用统一格式。各招标人可根据本地区、本企业的实际情况，在本规则计价表格的基础上补充完善。

5.2.2　工程量清单的编制应符合下列规定：

（1）封面应按规定的内容填写、签字、盖章，造价员编制的工程量清单应有负责审核的造价工程师签字、盖章。

（2）总说明应按下列内容填写：

1）工程概况：建设规模、工程特征、计划工期、施工现场实际情况、自然地理条件、环境保护要求等。

2）工程招标和分包范围。

3）工程量清单编制依据。

4）工程质量、材料、施工等的特殊要求。

5）其他需要说明的问题。

5.2.3　招标控制价、投标报价、竣工结算的编制应符合下列规定：

（1）封面应按规定的内容填写、签字、盖章，除承包人自行编制的投标报价和竣工结算外，受委托编制的招标控制价、投标报价、竣工结算若为造价员编制的，应有负责审核的造价工程师签字、盖章以及工程造价咨询人盖章。

（2）总说明应按下列内容填写：

1）工程概况：建设规模、工程特征、计划工期、合同工期、实际工期、施工现场及变化情况、施工组织设计的特点、自然地理条件、环境保护要求等。

2）编制依据等。

5.2.4　投标人应按招标文件的要求，附工程量清单综合单价分析表。

5.2.5　工程量清单与计价表中列明的所有需要填写的单价和合价，投标人均应填写，未填写的单价和合价，视为此项费用已包含在工程量清单的其他单价和合价中。

6 附 录 说 明

6.0.1 工程量清单“工程内容”说明中“____以下”包含其本身。

6.0.2 综合单价中应包含机械的使用费用、夜间施工、二次搬运、施工排水、降水等相关费用。机械的进出场、安拆费用列入综合单价或措施费用，由招标文件明确。

6.0.3 综合单价中除已明确不含主材费的项目名称外，均应包含材料费（含制作、安装损耗）。

6.0.4 综合单价中包含招标阶段国家及企业规定的各项材料检验费。

6.0.5 综合单价中包含为完成施工合同约定的技术质量标准的工程实体的相应工作内容。

6.0.6 工程量清单工作内容中挖填运方（A.1.1除外）的填方仅指填土方；回填材料发生变化，应在招标文件中明确。

6.1 附录A说明

6.1.1 土石方工程（A1）仅指现场三通一平阶段的挖填运方及爆破石方，基础、建构筑物等工程的挖填运方应在相应的综合单价中考虑。

6.1.2 场外土方运距、处置购置根据招标文件条款约定。

6.1.3 土方购置由招标文件条款约定。

6.1.4 设计桩长指设计桩顶至桩底长度。

6.1.5 除工艺设备基础以外的公用辅助专业设备基础套用其他设备基础子目。

6.1.6 组合钢筋混凝土基础中基础与构筑物共用顶（底）板按相应的基础综合单价计价。

6.1.7 当钢筋需单独计列时，相应子目工作内容中不含“钢筋制安”，钢筋套用单独子目。钢筋工程量仅计算施工图图示工程量。

6.1.8 当二次灌浆需单独计列时，相应子目工作内容中不含“二次灌浆”，二次灌浆套用单独子目。

6.1.9 钢结构制作按施工详图（KMΩ详图）进行计算。

6.1.10 当钢结构最后一道面漆需单独计列时，相应子目工作内容中不含“钢结构最后一道面漆”，钢结构最后一道面漆套用单独子目。

6.1.11 管道所有支/吊架套用管道支/吊架钢结构制作子目。

6.1.12 当压轨器需单独计列时，相应子目工作内容中不含“压轨器安装”，压轨器套用单独子目。

6.1.13 主厂房外办公生活设施不套用本清单子目。

6.1.14 生产辅助用房平米指标按建筑本体结构工程内容考虑，不含基础及底层地坪，含底层及楼面的地面（块料、水磨石、木制地板、涂料、防静电地板等）。

6.1.15 排架结构小房上部钢结构并入建筑钢结构，下部混凝土构件并入预制混凝土构件中。

6.1.16 生产辅助用房钢筋混凝土基础套用其他建构筑物钢筋混凝土基础子目。

6.1.17 生产辅助用房中独立的钢爬梯等钢结构件套用相应子目。

6.1.18 钢结构生产辅助用房仅指厂房内辅助用房，厂房外辅助用房另行套用子目。

6.1.19 建筑钢结构适用除钢结构生产辅助用房外所有钢结构厂房。

6.1.20 门窗工程中不含生产辅助用房门窗。

6.1.21 钢轨的焊接方式：普通焊、铝热焊。

6.1.22 深井降水在措施清单中单列，其他降水包含在相应子目工作内容中。

6.1.23 构筑物预埋铁件包含预埋套管。

6.2 附录B说明

6.2.1 招标文件中涉及材料标准时，应选用发包人、承包人双方约定的图集进行计算。

6.2.2 招标文件中涉及施工工艺规范时，按国家规定的规范或发包人、承包人双方约定的其他规范执行。

6.2.3 电气、仪表管道、设备的保温工程套用管道工程中的保温工程。

6.2.4 高天棚灯指安装在主厂房顶部结构上的灯具。

6.2.5 三防灯指防潮(水)、防尘、防腐灯具。

6.2.6 工厂灯仅指GC型灯具。

6.2.7 普通投光灯、普通荧光灯指除高天棚灯、防爆灯、工厂灯、三防灯、应急灯、标志灯以外的投光灯、荧光灯。

6.2.8 电气工程中的挖填运方及回填黄砂工程套用土建工程相应子目。

6.3 附录C说明

6.3.1 招标文件中涉及材料标准时，应选用发包人、承包人双方约定的图集进行计算。

6.3.2 招标文件中涉及施工工艺规范时，按国家规定的规范或发包人、承包人双方约定的其他规范执行。

6.3.3 凡清单项目特征中涉及介质描述的请按下述专业进行划分：(1)燃气热力；(2)给排水；(3)除尘；(4)其他。

6.3.4 乳化液系统管道可套用液压润滑管道相应清单。

6.3.5 招标文件中如对管道敷设方式描述为架空管道，则相应清单工程内容不含“挖填运方、排水、垫层、基础”。

6.3.6 关于材料阀门和设备阀门的划分：管道工程中的各种非手动阀门、合金阀门、衬里阀门，以及压力在2.5MPa及以上、直径在300mm及以上的阀门均为设备，其余为材料类阀门。

6.3.7 管道的敷设方式：埋地、架空(含管廊内敷设)。

6.3.8 如管道连接方式需采用特殊连接方式(如沟槽连接等)，可在清单项目特征中补充：连接方式。

6.3.9 管道工程内容中冲洗内容仅指冲洗用施工费，不含油脂材料费。冲洗用油脂发包人可在招标文件内另行约定。

6.3.10 加工制作管运输过程中用于固定的加强筋不计入工程量。

6.4 附录D说明

6.4.1 定型耐火材料以“t”计量，只包括耐火砖材料设计净重量，砌筑用水泥量不计入定型耐火材料设计量，其施工费以消耗量方式计入定型耐火材料综合单价。

6.4.2 耐材的理化检验，属于材料采购供应范畴内容，可根据各地方的实际情况单列，由招标文件明确。

6.4.3 冶金专业炉窑烘炉、焦炉热态工程费用及焦炉施工大棚搭拆费列入措施项目。

6.4.4 耐火砖与轻质耐火砖、重质浇注料与轻质浇注料、重质喷涂料与轻质喷涂料的一般划分标准为：容重在 1.45t/m^3(含)以上为重质，容重在 1.45t/m^3 以下为轻质。

6.4.5 根据各地方的实际情况，可增加“耐火材料(不含主材)”选项。

6.4.6 耐火材料容重差，指相同体积条件下到货耐火材料重量与设计耐火材料重量的差值。根据各地方的实际情况，耐火材料容重差列入相应耐火材料工程量或计入相应综合单价由招标文件明确。

6.5 附录E说明

6.5.1 招标文件中应涉及设备的供货状态。

6.5.2 招标文件中涉及施工工艺规范时，按国家规定的规范或发包人、承包人双方约定的其他规范执行。

6.5.3 大型设备的组装应在相应的安装费用中计算。

6.5.4 高炉、热风炉及加热炉的炉壳、储运设施的漏斗等，本规则按设备供货考虑。如果按建安工程由招标文件确定。

6.5.5 高炉外壳、热风炉外壳、热风围管按净重计算，其余项目按施工详图计算工程量。

6.6 附录F说明

6.6.1 招标文件中涉及材料标准时，应选用发包人、承包人双方约定的图集进行计算。

6.6.2 招标文件中涉及施工工艺规范时，按国家规定的规范或发包人、承包人双方约定的其他规范执行。

附录A 建筑工程工程量清单项目及计算规则

A.1 土石方工程

A.1.1 土石方工程 工程量清单项目设置及工程量计算规则,应按表A.1.1的规定执行。

表A.1.1 土石方工程(编码:y10101)

项目编码	项目名称	项目特征	计量单位	工程量计算规则	工程内容
y10101001	挖方	1. 挖方种类 2. 底标高 3. 运距	m^3	按实际挖方/填方量以体积计算	挖、运
y10101002	填方	1. 填方材料 2. 底标高 3. 运距			挖、运输、填、夯
y10101003	爆破石方	1. 岩石类别 2. 底标高 3. 运距		按实际尺寸以体积计算	开凿石方、安全防护、布孔、打眼、装药、爆破、清理岩石、不规则大石块的破碎、爆破面清理平整、装渣、运输、卸渣

A.2 地基处理工程

A.2.1 地基处理 工程量清单项目设置及工程量计算规则,应按表A.2.1的规定执行。

表A.2.1 地基处理(编码:y10201)

项目编码	项目名称	项目特征	计量单位	工程量计算规则	工程内容
y10201001	打钢管桩	1. 桩直径 2. 打桩深度	t	按设计桩长(不含桩尖长度)折合重量计算	桩材堆放、场内运桩、喂桩、打桩、电焊接头(含内衬环、隔板)、探伤、内切割、精割盖帽、余桩堆放、截桩、复制桩
y10201002	压钢管桩				

续表 A. 2. 1

项目编码	项目名称	项目特征	计量单位	工程量计算规则	工 程 内 容
y10201003	打钢筋混凝土管桩	1. 类型(PHC 或 PC) 2. 桩直径 3. 打桩深度	m^3	按设计桩长(不含桩尖长度)折合体积计算	桩材堆放、场内运桩、喂桩、打桩、接桩、送桩、截桩
y10201004	压钢筋混凝土管桩				
y10201005	打方桩	1. 桩截面 2. 打桩深度		按设计桩长(含桩尖长度)乘以截面面积以体积计算	场内运输、喂桩、打桩、接桩、送桩、截桩
y10201006	压方桩				
y10201007	打 TSC 桩	1. 桩直径 2. 打桩深度		按设计桩长(不含桩尖长度)折合体积计算	桩材堆放、场内运桩、喂桩、打桩、接桩、送桩、截桩
y10201008	压 TSC 桩				
y10201009	钻孔灌注桩	1. 桩直径 2. 钻孔深度		按设计桩长乘以设计截面面积以体积计算	安装防护口管、钻孔、就位、挖泥浆沟槽、泥浆运输、钢筋笼制作绑扎放置、灌注水下混凝土、压密注浆
y10201010	砂石灌注桩	1. 桩截面. 2. 打桩深度 3. 砂石级配		按设计桩长(含桩尖长度)乘以截面面积以体积计算	成孔、砂石运输、灌注、振实
y10201011	振动灌注碎石桩	1. 成孔直径 2. 振冲深度		按设计图示孔深乘以孔截面面积以体积计算	
y10201012	灰土挤密桩	1. 桩截面 2. 打桩深度		按设计桩长(含桩尖长度)乘以截面面积以体积计算	成孔、灰土拌和、运输、灌注、夯实

续表 A. 2. 1

项目编码	项目名称	项目特征	计量单位	工程量计算规则	工 程 内 容
y10201013	CFG 桩	1. 桩截面 2. 打桩深度 3. 水泥粉煤灰级配	m^3	按设计桩长（含桩尖长度）乘以截面面积以体积计算	成孔、水泥粉煤灰混凝土制作、运输、灌注、振实
y10201014	搅拌桩	1. 水泥掺量		按设计桩长折合体积计算	泥浆运输、钻进、喷浆、提升、搅拌、调制水泥浆、输送压浆、桩机移位、压顶
y10201015	人工挖孔桩	1. 桩长 2. 桩截面		按设计图示尺寸以体积计算	挖土、吊土、抛土、运土、坑井内照明、抽水、护壁、钢筋笼制作绑扎、混凝土浇注
y10201016	旋喷桩	1. 面积 2. 旋喷深度 3. 水泥强度等级		按设计桩长（含桩尖长度）乘以截面面积以体积计算	成孔、水泥浆制作、运输，水泥浆旋喷
y10201017	钢筋混凝土桩尖	1. 桩径	个	按设计图示以个计算	桩尖堆放、场内运输、接桩尖、打或压桩尖
y10201018	钢桩尖（桩靴）		t	按设计图示尺寸以重量计算	
y10201019	压密注浆	1. 注浆深度 2. 水泥掺量	m^3	按布点边线加扩散半径乘以设计深度以体积计算	钻孔、材料运输、埋注浆管、注浆
y10201020	地基强夯	1. 夯填材料 2. 地耐力	m^2	按图示尺寸以面积计算	强夯机移位、挂锤、夯点、测放夯点、推土机推平夯坑
y10201021	旋挖桩	1. 桩直径 2. 钻孔深度	m^3	按设计桩长乘以设计截面面积以体积计算	测量定位、泥浆制备、设置钢护筒、钻机就位及钻进、成孔检查、清孔、钢筋笼制作绑扎吊放、灌注水下混凝土

续表 A.2.1

项目编码	项目名称	项目特征	计量单位	工程量计算规则	工程内容
y10201022	地基普夯	1.夯填材料 2.夯击能量	m^2	按设计图示尺寸计算	夯机移位,挂锤、夯点、测放夯点、推土机推平夯坑
y10201023	打塑料排水板	1.板型 2.桩长	m	按设计长度计算	板材堆放、场内运输、打塑料排水板
y10201024	土方堆载预压	1.运距	m^3	按设计图示堆载量以体积计算	土方挖运、堆载、边坡处理
y10201025	土方卸载				土方挖运,平整

A.3 基 础 工 程

A.3.1 钢筋混凝土厂房基础、设备基础工程 工程量清单项目设置及工程量计算规则,应按表 A.3.1 的规定执行。

表 A.3.1 钢筋混凝土厂房基础、设备基础工程(编码:y10301)

项目编码	项目名称	项目特征	计量单位	工程量计算规则	工程内容
y10301001	厂房基础	1.底标高 2.混凝土标号	m^3	按设计图示尺寸(含桩孔内钢筋混凝土)以体积计算,不扣除构件内钢筋、预埋铁件和伸入承台基础的桩头所占体积	降水、排水、挖填运方、凿桩、桩锚筋、桩锚板、基础垫层、模板安拆堆放、钢筋制安、预埋铁件(含套筒、不含地脚螺栓制作)、混凝土浇捣养护、脚手架搭拆、铁件刷油、二次灌浆、固定架制安
y10301002	原料设备基础				
y10301003	烧结设备基础(不含烧结主厂房框架结构)				
y10301004	焦化设备基础				
y10301005	石灰设备基础				
y10301006	高炉设备基础				
y10301007	炼钢设备基础				
y10301008	连铸设备基础				
y10301009	初轧设备基础				
y10301010	热轧设备基础				
y10301011	冷轧设备基础				
y10301012	钢管设备基础				
y10301013	高速线材设备基础				
y10301014	制氧设备基础				
y10301015	煤气柜设备基础				
y10301016	其他设备基础				

A.3.2 其他基础工程 工程量清单项目设置及工程量计算规则,应按表A.3.2的规定执行。

表A.3.2 其他基础工程(编码:y10302)

项目编码	项目名称	项目特征	计量单位	工程量计算规则	工程内容
y10302001	管道支架钢筋混凝土基础	1. 底标高 2. 混凝土标号	m^3	按设计图示尺寸(含桩孔内钢筋混凝土)以体积计算,不扣除构件内钢筋、预埋铁件和伸入承台基础的桩头所占体积	降水、排水、挖填运方、凿桩、桩锚筋、桩锚板、基础垫层、模板安拆堆放、钢筋制安、预埋铁件(不含地脚螺栓制作)、混凝土浇捣养护、脚手架搭拆、铁件刷油、防潮层、二次灌浆、固定架制安
y10302002	水塔钢筋混凝土基础				降水、排水、挖填运方、凿桩、桩锚筋、桩锚板、基础垫层、模板安拆堆放、钢筋制安、预埋铁件、混凝土浇捣养护、脚手架搭拆、铁件刷油、防潮层、二次灌浆、固定架制安
y10302003	烟囱钢筋混凝土基础				降水、排水、挖填运方、凿桩、桩锚筋、桩锚板、基础垫层、模板安拆堆放、钢筋制安、预埋铁件(不含地脚螺栓制作)、混凝土浇捣养护、脚手架搭拆、铁件刷油、防潮层、二次灌浆、固定架制安
y10302004	其他建构筑物钢筋混凝土基础				
y10302005	砖基础	1. 底标高		按设计图示尺寸以体积计算	排水、挖填运方、基础垫层、预埋铁件、脚手架搭拆、铁件刷油、防潮层、砌筑
y10302006	毛石基础				排水、挖填运方、基础垫层、脚手架搭拆、毛石砌筑、墙面抹面
y10302007	素混凝土基础	1. 底标高 2. 混凝土标号			降水、排水、挖填运方、基础垫层、模板安拆堆放、预埋铁件(不含地脚螺栓制作)、混凝土浇捣养护、脚手架搭拆、铁件刷油、防潮层、固定架制安

A.4 构筑物工程

A.4.1 构筑物工程 工程量清单项目设置及工程量计算规则，应按表A.4.1的规定执行。

表A.4.1 构筑物工程(编码:y10401)

项目编码	项目名称	项目特征	计量单位	工程量计算规则	工程内容
y10401001	电缆隧道	1. 底标高 2. 混凝土标号	m^3	按设计图示尺寸(含桩孔内钢筋混凝土)以体积计算，不扣除构件内钢筋、预埋铁件和伸入承台基础的桩头所占体积	降水、排水、挖填运方、凿桩、桩锚筋、桩锚板、基础垫层、模板安拆堆放、钢筋制安、预埋铁件、防潮层、沥青漆(防护材料)、混凝土浇捣养护、铁件刷油、固定架制安、脚手架搭拆
y10401002	管廊				
y10401003	电缆沟、地沟			按设计图示尺寸以体积计算，不扣除构件内钢筋、预埋铁件所占体积	降水、排水、挖填运方、基础垫层、模板安拆堆放、钢筋制安、预埋铁件、混凝土浇捣养护、铁件刷油、固定架制安
y10401004	铁皮沟			按设计图示尺寸(含桩孔内钢筋混凝土)以体积计算，不扣除构件内钢筋、预埋铁件和伸入承台基础的桩头所占体积	降水、排水、挖填运方、连续墙混凝土保护层凿除、基础垫层、模板安拆堆放、钢筋制安、预埋铁件、防潮层、脚手架搭拆、铁件刷油、混凝土浇捣养护、固定架制安
y10401005	地下连续墙(工程实体)			按连续墙设计延长米、宽度及槽深以体积计算	挖土成槽、土方运输、导墙制作安装破凿、锁口管吊拔或预制接头制安、浇注混凝土、钢筋制安吊装、型钢埋设、预埋铁件、固定架制安
y10401006	沉井			按图示尺寸(不扣除钢筋及铁件体积)以体积计算	钢筋混凝土井制作、刷冷底子油或沥青、沉井、挖(或水冲)、运土(或泥浆)、钢筋制安、预埋铁件、封底垫层及钢筋混凝土底板、刃脚制安、铺抽垫木及砂石、脚手架搭拆
y10401007	漩流池	1. 底标高 2. 混凝土标号 3. 结构形式			降水、排水、挖填运方、连续墙混凝土保护层凿除、基础垫层、模板安拆堆放、钢筋制安、预埋铁件、防潮层、脚手架搭拆、铁件刷油、混凝土浇捣养护、固定架制安

续表 A.4.1

项目编码	项目名称	项目特征	计量单位	工程量计算规则	工 程 内 容
y10401008	层流池	1. 底标高 2. 混凝土标号 3. 结构形式	m^3	按图示尺寸(不扣除钢筋及铁件体积)以体积计算	降水、排水、挖填运方、连续墙混凝土保护层凿除、基础垫层、模板安拆堆放、钢筋制安、预埋铁件、防潮层、脚手架搭拆、铁件刷油、混凝土浇捣养护、固定架制安
y10401009	平流池				
y10401010	沉淀池				
y10401011	其他钢筋混凝土水池				降水、排水、挖填运方、凿桩、桩锚筋、桩锚板、基础垫层、模板安拆堆放、钢筋制安、预埋铁件、脚手架搭拆、变形缝、铁件刷油、防潮层、混凝土浇捣养护、固定架制安
y10401012	钢筋混凝土地下室			按设计图示尺寸(含桩孔内钢筋混凝土)以体积计算,不扣除构件内钢筋、预埋铁件和伸入承台基础的桩头所占体积	
y10401013	钢筋混凝土泵坑	1. 高度 2. 混凝土标号		按设计图示尺寸以体积计算,不扣除构件内钢筋、预埋铁件所占体积	降水、排水、挖填运方、基础垫层、模板安拆堆放、钢筋制安、预埋铁件、混凝土浇捣养护、铁件刷油、固定架制安、脚手架搭拆
y10401014	钢筋混凝土烟囱			按设计图示尺寸以体积计算,不扣除构件内钢筋、预埋铁件及单个面积 0.3m^2 以内的孔洞所占体积	模板安拆堆放、混凝土运输、浇筑、振捣、养护、钢筋制安、脚手架搭拆、预埋铁件、固定架制安
y10401015	钢筋混凝土烟道			按设计图示尺寸(含桩孔内钢筋混凝土)以体积计算,不扣除构件内钢筋、预埋铁件和伸入承台基础的桩头所占体积	降水、排水、挖填运方、凿桩、桩锚筋、桩锚板、基础垫层、模板安拆堆放、钢筋制安、预埋铁件、防潮层、防护材料、混凝土浇捣养护、铁件刷油、固定架制安、脚手架搭拆

续表 A.4.1

项目编码	项目名称	项目特征	计量单位	工程量计算规则	工程内容
y10401016	冷却水塔	1. 结构形式 2. 混凝土标号	m^3	按设计图示尺寸以体积计算，不扣除构件内钢筋、预埋铁件及单个面积 0.3m^2 以内的孔洞所占体积	模板安拆堆放、混凝土运输、浇筑、振捣、养护、钢筋制安、脚手架搭拆、预埋铁件、固定架制安
y10401017	事故水塔	1. 高度 2. 混凝土标号			
y10401018	钢筋混凝土挡墙			按设计图示尺寸以体积计算	排水、挖填运方、基础垫层、模板安拆堆放、钢筋制安、预埋铁件、固定架制安、混凝土浇捣养护、脚手架搭拆、墙面抹面
y10401019	毛石挡墙	1. 高度			排水、挖填运方、基础垫层、模板安拆堆放、脚手架搭拆、墙面抹面
y10401020	砖砌井	1. 尺寸	座	按设计图示数量计算	降水、排水、挖填运方、支护、基础垫层、混凝土浇捣养护、砌筑、抹灰、勾缝防腐、盖板过梁制作和安装、井盖、井座制作和安装、脚手架搭拆
y10401021	钢筋混凝土井		m^3	按设计图示尺寸以体积计算	
y10401022	其他钢筋混凝土构筑物	1. 底标高或高度		按设计图示尺寸（含桩孔内钢筋混凝土）以体积计算，不扣除构件内钢筋、预埋铁件和伸入承台基础的桩头所占体积	降水、排水、挖填运方、凿桩、桩锚筋、桩锚板、基础垫层、模板安拆堆放、钢筋制安、预埋铁件、防潮层、防护材料、混凝土浇捣养护、铁件刷油、固定架制安、脚手架搭拆
y10401023	烧结主厂房框架结构	1. 高度 2. 混凝土标号		按设计图示尺寸以体积计算，不扣除构件内钢筋、预埋铁件所占体积	混凝土运输、浇筑、振捣、养护、钢筋制安、脚手架搭拆、预埋铁件、固定架制安

A.5 地 坪 工 程

A.5.1 地坪工程 工程量清单项目设置及工程量计算规则，应按表A.5.1的规定执行。

表A.5.1 地坪工程(编码:y10501)

<table>
<tr><th>项目编码</th><th>项目名称</th><th>项目特征</th><th>计量单位</th><th>工程量计算规则</th><th>工 程 内 容</th></tr>
<tr><td>y10501001</td><td>钢筋混凝土地坪(有桩)</td><td rowspan="4">1. 厚度</td><td rowspan="19">m^3</td><td>按设计图示尺寸(含桩孔内钢筋混凝土)以体积计算，不扣除构件内钢筋、预埋铁件和伸入承台基础的桩头所占体积</td><td>凿桩、桩锚筋、焊接，模板安拆堆放、钢筋制安、预埋铁件(不含地脚螺栓制作)、混凝土浇捣养护、面层压光、地坪伸缩缝</td></tr>
<tr><td>y10501002</td><td>钢筋混凝土地坪(无桩)</td><td rowspan="18">按设计图示尺寸以体积计算</td><td>模板安拆堆放、钢筋制安、预埋铁件(不含地脚螺栓制作)、混凝土浇捣养护、面层压光、地坪伸缩缝</td></tr>
<tr><td>y10501003</td><td>不发火地坪</td><td>清理底层、不发火砂浆抹面或不发火混凝土浇捣、压光、压实、压线、铁红划格或一次抹光、养护</td></tr>
<tr><td>y10501004</td><td>钢纤维地坪</td><td>模板安拆堆放、钢纤维制作绑扎、预埋铁件(不含地脚螺栓制作)、型钢、钢纤维混凝土浇捣养护、面层压光、地坪伸缩缝</td></tr>
<tr><td>y10501005</td><td>钢筋混凝土屋面</td><td>1. 高度
2. 厚度
3. 混凝土标号</td><td>模板安拆堆放、钢筋制安、预埋铁件(不含地脚螺栓制作)、混凝土浇捣养护、面层压光、屋面伸缩缝</td></tr>
<tr><td>y10501006</td><td>素混凝土地坪</td><td rowspan="14">1. 厚度</td><td>模板安拆堆放、混凝土浇捣养护、面层压光、地坪伸缩缝</td></tr>
<tr><td>y10501007</td><td>碎石地坪</td><td>碎石运输、回填、夯实</td></tr>
<tr><td>y10501008</td><td>钢渣地坪</td><td>钢渣运输、回填、夯实</td></tr>
<tr><td>y10501009</td><td>干渣地坪</td><td>干渣运输、回填、夯实</td></tr>
<tr><td>y10501010</td><td>砂地坪</td><td>砂运输、回填、夯实</td></tr>
<tr><td>y10501011</td><td>砂石地坪</td><td>砂石运输及拌合、回填、夯实</td></tr>
<tr><td>y10501012</td><td>鹅卵石地坪</td><td>鹅卵石运输、回填、夯实</td></tr>
<tr><td>y10501013</td><td>素混凝土垫层</td><td>挖填运方、模板安拆堆放、混凝土浇捣养护</td></tr>
<tr><td>y10501014</td><td>碎石垫层</td><td rowspan="3">挖填运方、碎石运输、回填、夯实</td></tr>
<tr><td>y10501015</td><td>钢渣垫层</td></tr>
<tr><td>y10501016</td><td>干渣垫层</td></tr>
<tr><td>y10501017</td><td>砂垫层</td><td>挖填运方、砂运输、回填、夯实</td></tr>
<tr><td>y10501018</td><td>砂石垫层</td><td>挖填运方、砂石运输及拌合、回填、夯实</td></tr>
<tr><td>y10501019</td><td>鹅卵石垫层</td><td>挖填运方、鹅卵石运输、回填、夯实</td></tr>
</table>

A.6 预制/捣制混凝土构件工程

A.6.1 预制混凝土构件 工程量清单项目设置及工程量计算规则，应按表A.6.1的规定执行。

表A.6.1 预制混凝土构件(编码：y10601)

项目编码	项目名称	项目特征	计量单位	工程量计算规则	工 程 内 容
y10601001	预制钢筋混凝土柱	1. 结构形式	m^3	按设计图示尺寸以体积计算	预制混凝土构件运输、安装、灌缝、表面清理、涂料
y10601002	预制钢筋混凝土梁				
y10601003	预制钢筋混凝土板				
y10601004	预制钢筋混凝土零星构件				
y10601005	预应力钢筋混凝土空心板(墙板)				成品板运输、安装、接头灌缝、墙面砂浆、涂料
y10601006	预制钢筋混凝土地坪	1. 厚度			模板安拆堆放、隔离层铺设、钢筋制安、预埋铁件(不含地脚螺栓制作)、混凝土浇捣养护、面层压光、地坪伸缩缝

A.6.2 捣制混凝土构件 工程量清单项目设置及工程量计算规则，应按表A.6.2的规定执行。

表A.6.2 捣制混凝土构件(编码：y10602)

项目编码	项目名称	项目特征	计量单位	工程量计算规则	工 程 内 容
y10602001	捣制钢筋混凝土柱	1. 结构形式	m^3	按设计图示尺寸以体积计算	模板安拆堆放、钢筋制安、预埋铁件、混凝土浇捣养护
y10602002	捣制钢筋混凝土梁				
y10602003	捣制钢筋混凝土板				
y10602004	捣制钢筋混凝土零星构件				

A.7 钢结构工程

A.7.1 建筑钢结构 工程量清单项目设置及工程量计算规则，应按表A.7.1的规定执行。

表A.7.1 建筑钢结构(编码：y10701)

<table>
<tr><th>项目编码</th><th>项目名称</th><th>项目特征</th><th>计量单位</th><th>工程量计算规则</th><th>工 程 内 容</th></tr>
<tr><td>y10701001</td><td>屋架系统制作</td><td rowspan="6">1. 材质
2. 油漆品种及漆膜厚度
3. 除锈标准</td><td rowspan="8">t</td><td>按设计详图图示尺寸以重量计算，不计算焊点重量，不扣除孔眼、切边、切肢的重量，焊条、铆钉、螺栓等不另增加重量，不规则或多边型钢板，以其外接矩形面积乘以厚度乘以理论质量计算，屋面檩条、屋面梁、钢天窗架并入屋架系统工程量</td><td rowspan="6">钢结构除锈、制作、探伤、运输(不含现场卸车)、涂漆(不含最后一道面漆)</td></tr>
<tr><td>y10701002</td><td>吊车梁系统制作</td><td>按设计详图图示尺寸以重量计算，不计算焊点重量，不扣除孔眼、切边、切肢的重量，焊条、铆钉、螺栓等不另增加重量，不规则或多边型钢板，以其外接矩形面积乘以厚度乘以理论质量计算，制动梁、制动板、制动桁架、车挡并入钢吊车梁工程量</td></tr>
<tr><td>y10701003</td><td>柱子系统制作</td><td>按设计详图图示尺寸以重量计算，不计算焊点重量，不扣除孔眼、切边、切肢的重量，焊条、铆钉、螺栓等不另增加重量，不规则或多边型钢板，以其外接矩形面积乘以厚度乘以理论质量计算，依附于钢柱上的牛腿及悬臂梁等并入钢柱工程量内，钢管柱上的节点板、加强环、内衬管、牛腿等并入钢管柱工程量内，钢支撑并入钢柱工程量</td></tr>
<tr><td>y10701004</td><td>墙架系统制作</td><td rowspan="3">按设计详图图示尺寸以重量计算，不计算焊点重量，不扣除孔眼、切边、切肢的重量，焊条、铆钉、螺栓等不另增加重量，不规则或多边型钢板，以其外接矩形面积乘以厚度乘以理论质量计算</td></tr>
<tr><td>y10701005</td><td>钢梯及平台系统制作</td></tr>
<tr><td>y10701006</td><td>零星结构制作</td></tr>
<tr><td>y10701007</td><td>建筑钢结构安装</td><td>1. 油漆品种</td><td>按钢结构制作重量计算</td><td>卸车、拼装、安装、探伤、涂刷最后一道面漆</td></tr>
<tr><td>y10701008</td><td>钢轨</td><td>1. 规格
2. 焊接方式</td><td>按设计详图图示尺寸折合重量计算，不计算焊点重量</td><td>矫直、切割、坡口、吊装、焊接、找正、压轨器安装</td></tr>
</table>

A.7.2　工艺钢结构　工程量清单项目设置及工程量计算规则，应按表 A.7.2 的规定执行。

表 A.7.2　工艺钢结构(编码:y10702)

<table>
<tr><th>项目编码</th><th>项目名称</th><th>项目特征</th><th>计量单位</th><th>工程量计算规则</th><th>工 程 内 容</th></tr>
<tr><td>y10702001</td><td>工艺框架平台钢结构制作</td><td rowspan="9">1. 材质
2. 油漆品种及漆膜厚度
3. 除锈标准</td><td rowspan="10">t</td><td rowspan="3">按设计详图图示尺寸以重量计算，不计算焊点重量，不扣除孔眼、切边、切肢的重量，焊条、铆钉、螺栓等不另增加重量，不规则或多边型钢板，以其外接矩形面积乘以厚度乘以理论质量计算</td><td rowspan="3">钢结构除锈、制作、探伤、运输（不含现场卸车）、涂漆（不含最后一道面漆）</td></tr>
<tr><td>y10702002</td><td>通廊钢结构制作</td></tr>
<tr><td>y10702003</td><td>槽罐漏斗类钢结构制作</td></tr>
<tr><td>y10702004</td><td>鞍座钢结构制作</td><td>按设计详图图示尺寸以重量计算，不计算焊点重量，不扣除切边、切肢的重量</td><td>鞍座除锈、成型、运输（不含现场卸车）、涂漆</td></tr>
<tr><td>y10702005</td><td>管道支/吊架钢结构制作</td><td rowspan="5">按设计详图图示尺寸以重量计算，不计算焊点重量，不扣除孔眼、切边、切肢的重量，焊条、铆钉、螺栓等不另增加重量，不规则或多边型钢板，以其外接矩形面积乘以厚度乘以理论质量计算</td><td rowspan="5">钢结构除锈、制作、探伤、运输（不含现场卸车）、涂漆（不含最后一道面漆）</td></tr>
<tr><td>y10702006</td><td>烟囱/烟道钢结构制作</td></tr>
<tr><td>y10702007</td><td>除尘烟罩钢结构制作</td></tr>
<tr><td>y10702008</td><td>炉体钢结构制作</td></tr>
<tr><td>y10702009</td><td>其他工艺钢结构制作</td></tr>
<tr><td>y10702010</td><td>工艺钢结构安装</td><td>1. 油漆品种</td><td>按钢结构制作重量计算</td><td>卸车、拼装、安装、探伤、涂刷最后一道面漆</td></tr>
</table>

A.7.3　其他钢结构　工程量清单项目设置及工程量计算规则，应按表 A.7.3 的规定执行。

表 A.7.3　其他钢结构(编码:y10703)

项目编码	项目名称	项目特征	计量单位	工程量计算规则	工 程 内 容
y10703001	不锈钢件制作	1. 材质	t	按设计详图图示尺寸以重量计算，不计算焊点重量，不扣除孔眼、切边、切肢的重量，焊条、铆钉、螺栓等不另增加重量，不规则或多边型钢板，以其外接矩形面积乘以厚度乘以理论质量计算	不锈钢件制作、运输、探伤

续表 A.7.3

项目编码	项目名称	项目特征	计量单位	工程量计算规则	工 程 内 容
y10703002	不锈钢件安装		t	按不锈钢构件制作重量计算	卸车、安装、探伤
y10703003	镀锌件制作	1. 镀锌方式		按设计详图图示尺寸以重量计算，不计算焊点重量，不扣除孔眼、切边、切肢的重量，焊条、铆钉、螺栓等不另增加重量，不规则或多边型钢板，以其外接矩形面积乘以厚度乘以理论质量计算	钢结构制作、表面处理、镀锌、运输（不含现场卸车）
y10703004	镀锌件安装			按钢结构制作重量计算	卸车、拼装、安装、探伤
y10703005	钢格栅	1. 表面防腐形式		按设计详图图示尺寸以重量计算，不计算焊点重量，不扣除切边、切肢的重量	钢格栅切割、安装、补漆
y10703006	钢板铺设	1. 材质 2. 厚度			制作、运输、安装

A.8 墙屋面工程

A.8.1 墙屋面 工程量清单项目设置及工程量计算规则，应按表A.8.1的规定执行。

表A.8.1 墙屋面（编码：y10801）

项目编码	项目名称	项目特征	计量单位	工程量计算规则	工 程 内 容
y10801001	彩板墙面	1. 压型板形式 2. 板厚	m^2	按设计图示尺寸以铺挂面积计算，不扣除单个0.3m^2以内的孔洞所占面积，搭接部分、包角、包边、泛水等不另计算面积	墙屋面板（含异型板、零配件）排版、制作、运输、安装
y10801002	彩板屋面				
y10801003	复合保温墙面	1. 复合板形式 2. 保温材料 3. 板厚			墙屋面板（含异型板、保温材料及其加筋、零配件）制作、运输、安装
y10801004	复合保温屋面				
y10801005	玻璃钢屋面	1. 厚度			成品板（含异型板、零配件）制作、运输、安装
y10801006	采光带	1. 厚度 2. 材质			成品（含零配件）运输、安装

续表 A. 8. 1

项目编码	项目名称	项目特征	计量单位	工程量计算规则	工 程 内 容
y10801007	墙体(不含以平米指标计算的小房墙体)	1. 厚度 2. 砖型	m^3	按中心线长度乘以高度(扣除门窗洞口面积)乘以厚度以体积计算	调运砂浆、运砌砖、砌窗台虎头砖、腰线、门窗套、安放木砖、铁件、抹灰、内外墙涂料
y10801008	球形通风天窗	1. 喉口尺寸 2. 宽度 3. 高度	m	按设计图示尺寸以延长米计算	成品运输、安装
y10801009	轻质墙板	1. 材质 2. 厚度	m^2	按设计图示尺寸以面积计算	成品运输、安装、刷胶、贴网格布、捣细石混凝土

A. 9　门　窗　工　程

A. 9. 1　门窗　工程量清单项目设置及工程量计算规则,应按表 A. 9. 1 的规定执行。

表 A. 9. 1　门窗(编码:y10901)

项目编码	项目名称	项目特征	计量单位	工程量计算规则	工 程 内 容
y10901001	防火门	1. 防火等级 2. 材质	m^2	按图示门框外围实际高度乘以实际宽度以面积计算	成品运输、安装
y10901002	卷帘门(不含电动装置)	1. 材质			
y10901003	软帘门(不含电动装置)				
y10901004	电动装置	1. 电机功率 2. 是否变频	套	按图示数量计算	成品运输、安装、调试
y10901005	开窗机	1. 电机功率			
y10901006	铝合金百叶窗	1. 材质	m^2	按图示洞口尺寸以面积计算	成品运输、安装
y10901007	其他门	1. 材质(钢制、彩板、铝合金等)			
y10901008	其他窗	1. 材质(钢制、彩板、铝合金等)			

A.10　生产辅助用房工程

A.10.1　生产辅助用房　工程量清单项目设置及工程量计算规则，应按表A.10.1的规定执行。

表A.10.1　生产辅助用房(编码：y11001)

项目编码	项目名称	项目特征	计量单位	工程量计算规则	工程内容
y11001001	砖混结构生产辅助用房	1. 层高	m^2	按建筑面积计算	砖混结构生产辅助用房土建全部工作内容，包括砖墙及其涂料(含踢脚)，楼面顶棚(含吊顶)及其涂料，楼面、屋面及其防水、隔热、保温层，混凝土构件，门窗，地面防潮层，地面，预埋铁件，脚手架，界面剂，伸缩缝，隔断，踢脚线
y11001002	框架结构生产辅助用房				框架结构生产辅助用房土建全部工作内容，包括混凝土结构(含构件)、砌体及其涂料，楼面顶棚涂料，楼面、屋面及其防水、隔热、保温层，门窗，地面防潮层，地面，预埋铁件，脚手架，界面剂，伸缩缝，隔断，踢脚线
y11001003	钢结构生产辅助用房				钢结构生产辅助用房土建全部工作内容，包括钢制结构，围护结构，门窗，地面，楼面，预埋铁件，脚手架

A.11　总　图　工　程

A.11.1　总图　工程量清单项目设置及工程量计算规则，应按表A.11.1的规定执行。

表A.11.1　总图(编码：y11101)

项目编码	项目名称	项目特征	计量单位	工程量计算规则	工程内容
y11101001	素混凝土道路	1. 结构	m^2	按设计图示尺寸以面积计算，不扣除各种井所占面积	挖填运方、垫层浇捣铺设、传力杆制安、模板安拆堆放、混凝土浇捣养护、面层压光、伸缩缝
y11101002	钢筋混凝土道路				挖填运方及平整、滚压，基层铺筑、滚压，钢筋制安、安装传力杆及边缘钢筋、模板安拆堆放、混凝土浇捣养护、面层压光、伸缩缝

续表 A. 11. 1

项目编码	项目名称	项目特征	计量单位	工程量计算规则	工 程 内 容
y11101003	沥青混凝土道路	1. 结构	m^2	按设计图示尺寸以面积计算,不扣除各种井所占面积	挖填运方、基层铺筑、滚压,清扫基层、整修侧缘石、测温、摊铺、接茬、找平、点补、撒垫料、清理
y11101004	人行道			按设计图示尺寸以面积计算	挖填运方、基层铺筑、滚压,模板安拆堆放、混凝土浇捣养护、面层压光
y11101005	侧平石			按设计图示中心线长度计算	挖填运方、垫层、基础铺筑、侧平石安砌
y11101006	铁路	1. 钢轨规格 2. 轨枕类型 3. 道床形式	m	按设计图示尺寸以延长米计算	挖填运方、修边坡及基础、铺设砂垫层、碴垫层、有孔管铺设及接口、钢轨铺设、铺设道碴、窨井、安装防爬器(撑)、安装线路标志、黄砂保护层
y11101007	平交道口	1. 钢轨规格 2. 道床形式 3. 轨枕类型	m^2	按图示尺寸以面积计算	挖填运方、修边坡及基础、铺设砂垫层、碴垫层、钢轨铺设、铺设护轮轨、铺设道碴、安装鸣笛标志、加强板铺设、铺面板铺设、沥青路面、预埋钢管
y11101008	交叉渡线	1. 钢轨规格 2. 轨距 3. 型号	组	按设计图示以组计算	检配钢轨及配件,选配岔轨,自装运卸材料,铺设好(包括修整)全部工作内容
y11101009	道岔				挖填运方、修边坡及基础、铺设砂垫层、铺设钢渣垫层、有孔管铺设及接口、钢轨铺设、铺设护轮轨、铺设道碴、窨井、安装防爬器(撑)、安装拉杆

A.12 耐磨衬里工程

A.12.1 耐磨衬里 工程量清单项目设置及工程量计算规则，应按表A.12.1的规定执行。

表A.12.1 耐磨衬里(编码:y11201)

项目编码	项目名称	项目特征	计量单位	工程量计算规则	工程内容
y11201001	铸石衬里	1. 厚度	m^2	按设计图示尺寸以面积计算	成品场内运输、基层处理、打底、胶泥配制、铸石板加工、砌筑、勾缝、养护
y11201002	钢衬里		t	按设计图示尺寸以重量计算	材料场内运输、制作、安装
y11201003	高分子材料衬里		m^2	按设计图示尺寸以面积计算	成品场内运输、基层处理、胶泥配制、高分子板加工、刷胶贴衬
y11201004	耐磨砂浆衬里				基层处理、打底料、调运砂浆、摊铺砂浆、养护

A.13 表面处理工程

A.13.1 建构筑物表面特殊防腐 工程量清单项目设置及工程量计算规则，应按表A.13.1的规定执行。

表A.13.1 建构筑物表面特殊防腐(编码:y11301)

项目编码	项目名称	项目特征	计量单位	工程量计算规则	工程内容
y11301001	树脂玻璃钢防腐	1. 厚度 2. 玻璃布层数	m^2	按设计图示尺寸以面积计算	清理基层、调运胶泥、涂刷、贴衬
y11301002	树脂玻璃钢鳞片防腐				
y11301003	耐酸砖(板)防腐	1. 厚度			清理基层运料、清洗砖板、调制胶泥、砌砖板

A.13.2 地坪表面处理 工程量清单项目设置及工程量计算规则，应按表A.13.2的规定执行。

表A.13.2 地坪表面处理(编码:y11302)

项目编码	项目名称	项目特征	计量单位	工程量计算规则	工程内容
y11302001	环氧自流平	1.漆膜厚度	m^2	按设计图示尺寸以面积计算	基层清灰、物料搅和、流平施工、养护

续表 A.13.2

项目编码	项目名称	项目特征	计量单位	工程量计算规则	工程内容
y11302002	聚氨酯地坪涂料	1.漆膜厚度	m²	按设计图示涂刷尺寸以展开面积计算	基层清灰、刷漆、打腻子、打磨
y11302003	环氧地坪涂料				基层清灰、刷漆、打腻子、打磨、贴布
y11302004	醇酸磁漆地坪涂料				基层清灰、刷漆、打腻子、打磨
y11302005	FC900有光厚磨型工业地坪涂料				

A.13.3 钢结构表面处理 工程量清单项目设置及工程量计算规则,应按表A.13.3的规定执行。

表A.13.3 钢结构表面处理(编码:y11303)

项目编码	项目名称	项目特征	计量单位	工程量计算规则	工程内容
y11303001	钢结构最后一遍面漆	1. 油漆/涂料品种	t	按钢结构制作重量计算	钢结构现场最后一遍面漆涂刷
y11303002	钢结构刷特种油漆/涂料的差价(不含最后一遍面漆)				钢结构涂特种油漆/涂料与普通漆的差价
y11303003	钢结构刷特种油漆/涂料的差价(最后一遍面漆)				

A.14 其 他 工 程

A.14.1 回填料与回填土差价 工程量清单项目设置及工程量计算规则,应按表A.14.1的规定执行。

表A.14.1 回填料与回填土差价(编码:y11401)

项目编码	项目名称	项目特征	计量单位	工程量计算规则	工程内容
y11401001	回填碎石与回填土差价		m³	按实际回填量以体积计算	碎石运输、回填、夯实
y11401002	回填砂与回填土差价				砂运输、回填、夯实
y11401003	回填砂石与回填土差价				砂石运输、回填、夯实
y11401004	回填土夹石与回填土差价				碎石运输、与土拌和、回填、夯实
y11401005	回填钢渣与回填土差价				钢渣运输、回填、夯实
y11401006	回填高炉矿渣与回填土差价				矿渣运输、回填、夯实

A.14.2 机组封闭 工程量清单项目设置及工程量计算规则,应按表A.14.2的规定执行。

表A.14.2 机组封闭(编码:y11402)

项目编码	项目名称	项目特征	计量单位	工程量计算规则	工程内容
y11402001	阳光板	1. 厚度	m^2	按设计图示尺寸以铺挂面积计算,不扣除单个0.3m^2以内的孔洞所占面积	成品运输、安装
y11402002	波纹板				
y11402003	PVC软帘			按图示实际高度乘以实际宽度以面积计算	
y11402004	轨道	1. 材质	m	按设计图示尺寸以延长米计算	
y11402005	不锈钢挂件			按设计数量以延长米计算	
y11402006	不锈钢纱窗		m^2	按图示洞口尺寸以面积计算	
y11402007	不锈钢框架		t	按图示尺寸以重量计算	

A.14.3 其他 工程量清单项目设置及工程量计算规则,应按表A.14.3的规定执行。

表A.14.3 其他(编码:y11403)

项目编码	项目名称	项目特征	计量单位	工程量计算规则	工程内容
y11403001	地脚螺栓制作	1. 材质	t	按设计图示尺寸以重量计算	地脚螺栓制作、运输
y11403002	钢筋			按设计图示钢筋长度乘以单位理论重量计算	钢筋制作、运输、安装
y11403003	二次灌浆	1. 灌浆料种类	m^3	按设计图示尺寸以体积计算	灌浆料浇捣、养护
y11403004	耐热混凝土差价	1. 混凝土标号 2. 耐热温度			耐热混凝土与商品混凝土的差价
y11403005	填充素混凝土	1. 混凝土标号			模板安拆、混凝土运输、浇捣、养护
y11403006	钢管桩内混凝土	1. 桩直径 2. 打桩深度			混凝土运输、浇捣、振实、养护
y11403007	钢管柱内混凝土	1. 混凝土标号			开孔、焊接连接管、混凝土输送、浇捣、振实、养护、封孔

续表 A. 14. 3

项目编码	项目名称	项目特征	计量单位	工程量计算规则	工 程 内 容
y11403008	压轨器	1. 规格	套	按设计数量计算	压轨器安装
y11403009	鞍座橡胶	1. 材质 2. 厚度	m^2	按设计图示尺寸以面积计算	运输、安装
y11403010	植钢筋	1. 钢筋直径 2. 钻孔深度	根	按设计图示根数计算	定位、打孔、清孔、注胶、植筋
y11403011	植螺栓	1. 螺栓直径 2. 钻孔深度			定位、打孔、清孔、粘结胶管、旋入螺杆
y11403012	钢筋混凝土钻洞	1. 孔洞大小 2. 钻孔厚度	个		定位、打孔、清孔
y11403013	零星砖砌体	1. 厚度 2. 材质	m^3	按设计图示尺寸以体积计算，扣除混凝土及钢筋混凝土梁垫、梁头、板头所占体积	调运砂浆、运砌砖、铁件、抹灰
y11403014	柱包脚混凝土	1. 底标高 2. 混凝土标号		按设计图示尺寸以体积计算，不扣除构件内钢筋、预埋铁件所占体积	基层清理、找平、模板安拆堆放、混凝土浇捣养护等全过程
y11403015	砌体围墙	1. 砌体类型 2. 围墙高度 3. 面层装饰材料	m^2	按设计图示尺寸以平方米计算	运砌砌体、铁艺花式栏杆（刺笼）制作、安装、芯柱、压顶、模板安拆堆放、混凝土浇捣养护、钢筋制安、预埋铁件、墙面勾缝、抹灰、涂料（面砖）
y11403016	钢筋混凝土围墙	1. 围墙高度 2. 混凝土强度等级 3. 面层装饰材料			模板安拆堆放、钢筋制安、预埋铁件、混凝土浇捣养护、刺笼（碎玻璃）制作、安装、抹灰、涂料（面砖）
y11403017	金属栅栏围墙	1. 围墙高度 2. 钢柱/混凝土柱 3. 混凝土强度等级 4. 钢格栅规格型号 5. 面层装饰材料			模板安拆堆放、混凝土浇捣养护、钢筋制安、预埋铁件、钢柱、金属栅制作（成品）、运输、安装、油漆、柱墙面抹灰、涂料（面砖）

续表 A.14.3

项目编码	项目名称	项目特征	计量单位	工程量计算规则	工 程 内 容
y11403018	钢丝网围墙	1.围墙高度 2.混凝土强度等级 3.钢丝网规格型号	m^2	按设计图示尺寸以平方米计算	挖填运土、模板安拆堆放、混凝土浇捣养护、预埋铁件、成品钢丝网、运输、安装、刷油
y11403019	其他围墙	1.围墙高度 2.围墙结构 3.混凝土强度等级 4.面层装饰材料			模板安拆堆放、混凝土浇捣养护、预埋铁件、钢筋制安、围墙制作、安装、面层装饰
y11403020	拆除钢筋混凝土基础	1. 底标高	m^3	按设计图示尺寸以体积计算	拆除、运输、处置
y11403021	拆除素混凝土基础				
y11403022	拆除钢筋混凝土上部结构	1. 结构形式 2. 高度			
y11403023	拆除砌体结构				
y11403024	拆除钢结构		t	按设计图示尺寸以重量计算	
y11403025	拆除砖混结构生产辅助用房	1.层高 2.层数	m^2	按建筑面积计算	
y11403026	拆除框架结构生产辅助用房				
y11403027	拆除钢结构生产辅助用房				

附录B　电气工程工程量清单项目及计算规则

B.1　电气结构工程

B.1.1　电缆桥架　工程量清单项目设置及工程量计算规则，应按表B.1.1的规定执行。

表B.1.1　电缆桥架(编码：y20101)

项目编码	项目名称	项目特征	计量单位	工程量计算规则	工程内容
y20101001	普通油漆电缆桥架	1. 规格	t	按图示中心线长度的延长米折合重量计算(含成品立柱、托臂重量)	电缆桥架及其配件运输、安装、补刷同材质涂料
y20101002	防酸漆电缆桥架				
y20101003	镀锌电缆桥架				
y20101004	三镀(镀铜-镀镍-镀锌)电缆桥架				
y20101005	玻璃钢电缆桥架	1. 规格(含阻燃要求)	m	按图示中心线长度的延长米计算	电缆桥架及其配件运输、安装

B.1.2　其他电气结构　工程量清单项目设置及工程量计算规则，应按表B.1.2的规定执行。

表B.1.2　其他电气结构(编码：y20102)

项目编码	项目名称	项目特征	计量单位	工程量计算规则	工程内容
y20102001	油漆钢构件	1. 规格	t	以延长米折合成重量计算	制作、除锈、刷油、安装
y20102002	镀锌钢构件				制作、除锈、镀锌、安装、补刷同材质涂料
y20102003	不锈钢构件				制作、安装
y20102004	铝合金构件				

B.2 电气管道工程

B.2.1 电气管道 工程量清单项目设置及工程量计算规则，应按表B.2.1的规定执行。

表B.2.1 电气管道（编码：y20201）

项目编码	项目名称	项目特征	计量单位	工程量计算规则	工程内容
y20201001	镀锌钢管	1. 规格	t	以延长米折合成重量计算，不扣除管路中间的接线箱（盒）、灯头盒、开关盒所占长度	管道敷设、管件及安装、补刷同材质涂料
y20201002	焊接钢管				管道敷设、管件及安装、防腐
y20201003	无缝钢管			以延长米折合成重量计算，不扣除管件、阀门所占长度	管道敷设、管件及安装（不含仪表的阀门、管箱接头）、防腐
y20201004	不锈钢管				
y20201005	铜管				
y20201006	金属软管		m	按管道的延长米计算	管道敷设、管件及安装
y20201007	PVC管			以延长米计算，不扣除管路中间的接线箱（盒）、灯头盒、开关盒所占长度	
y20201008	玻璃纤维管（FRP）				
y20201009	CNF纳米炭纤维电缆管				
y20201010	防爆镀锌钢管		t	以延长米折合成重量计算，不扣除管路中间的接线箱（盒）、灯头盒、开关盒所占长度	管道敷设、管件及安装、补刷同材质涂料
y20201011	防爆金属软管		m	按管道的延长米计算	管道敷设、管件及安装

B.3　电缆、导线、滑触线、母线工程

B.3.1　电缆　工程量清单项目设置及工程量计算规则，应按表B.3.1规定执行。

表B.3.1　电缆(编码：y20301)

项目编码	项目名称	项目特征	计量单位	工程量计算规则	工程内容
y20301001	动力电缆	1. 规格	m	以单根延长米计算	揭(盖)盖板、电缆敷设、1kV以下电缆终端(中间)头制作、安装
y20301002	控制电缆				揭(盖)盖板、电缆敷设、电缆终端头制作、安装
y20301003	通讯电缆				电缆敷设、电缆头制安
y20301004	光缆				光缆敷设、光缆头制安
y20301005	随设备供：动力电缆				揭(盖)盖板、电缆敷设(不含电缆主材)、1kV以下电缆终端(中间)头制作、安装
y20301006	随设备供：控制电缆				揭(盖)盖板、电缆敷设(不含电缆主材)、电缆终端头制作、安装
y20301007	随设备供：专用电缆				电缆敷设、固定端头

B.3.2　电缆头　工程量清单项目设置及工程量计算规则，应按表B.3.2规定执行。

表B.3.2　电缆头(编码：y20302)

项目编码	项目名称	项目特征	计量单位	工程量计算规则	工程内容
y20302001	110kV电缆终端头	1. 形式	套	以套计算	准备工作锯剥电缆、套绝缘、屏蔽、装接线盒、密封处理、防腐保护、整理固定、耐压试验、现场清理
y20302002	110kV电缆中间头				
y20302003	35kV电缆终端头				
y20302004	35kV电缆中间头				

续表 B.3.2

项目编码	项目名称	项目特征	计量单位	工程量计算规则	工程内容
y20302005	10kV电缆终端头	1. 形式	套	以套计算	准备工作锯剥电缆、套绝缘、屏蔽、装接线盒、密封处理、防腐保护、整理固定、耐压试验、现场清理
y20302006	10kV电缆中间头				
y20302007	3～6kV电缆终端头				
y20302008	3～6kV电缆中间头				

B.3.3 导线 工程量清单项目设置及工程量计算规则,应按表B.3.3规定执行。

表B.3.3 导线(编码:y20303)

项目编码	项目名称	项目特征	计量单位	工程量计算规则	工程内容
y20303001	导线	1. 规格	m	以单线延长米计算	导线敷设

B.3.4 滑触线 工程量清单项目设置及工程量计算规则,应按表B.3.4规定执行。

表B.3.4 滑触线(编码:y20304)

项目编码	项目名称	项目特征	计量单位	工程量计算规则	工程内容
y20304001	普通滑触线:型钢	1. 容量	m	按单相延长米计算	滑触线安装、滑触线拉紧装置及支持器(绝缘子)安装、滑触线信号灯安装
y20304002	普通滑触线:钢轨				
y20304003	刚体滑触线:铜体				
y20304004	刚体滑触线:铜钢体				
y20304005	刚体滑触线:铝钢体				
y20304006	安全型滑触线:铜质				
y20304007	安全型滑触线:铝质				
y20304008	集电器		套	以图示数量按套计算	集电器安装及接线

B.3.5 母线 工程量清单项目设置及工程量计算规则，应按表 B.3.5 规定执行。

表 B.3.5 母线(编码：y20305)

项目编码	项目名称	项目特征	计量单位	工程量计算规则	工 程 内 容
y20305001	铝母线	1. 规格	m	按母线的单相延长米计算	铝母线(桥)安装、穿墙套管和绝缘子耐压实验及安装、引下线安装、伸缩接安装、过渡板安装、刷分相漆
y20305002	铜母线(排)		m/t	按母线的单相延长米或重量计算	铜母线(桥)安装、穿墙套管和绝缘子耐压实验及安装、引下线安装、伸缩接安装、过渡板安装、刷分相漆
y20305003	插接式母线槽	1. 规格 2. 容量	m	按母线的单相延长米计算，不扣除母线中间的接线箱(盒)所占长度	铜线槽安装、与电气设备连接、进出分线箱安装、接头、刷分相漆、耐压、绝缘试验
y20305004	封闭式母线				封闭式母线安装、进出分线箱安装、耐压、绝缘试验

B.4 其 他 工 程

B.4.1 灯具 工程量清单项目设置及工程量计算规则，应按表 B.4.1 的规定执行。

表 B.4.1 灯具(编码：y20401)

项目编码	项目名称	项目特征	计量单位	工程量计算规则	工 程 内 容
y20401001	高天棚灯	1. 规格	套	以设计图示数量按套计算	灯杆、灯架、灯具、镇流器安装
y20401002	普通投光灯				
y20401003	防爆灯				灯具、开关、镇流器、插座安装
y20401004	工厂灯、三防灯				
y20401005	应急灯、标志灯				
y20401006	普通荧光灯				
y20401007	路灯				灯杆、灯架、灯具、镇流器安装
y20401008	航空障碍灯	1. 规格 2. 高度			灯具、开关、镇流器安装
y20401009	高杆灯塔				高杆灯塔成套安装、灯具组装等全部工作内容
y20401010	其他灯具	1. 规格			灯具、开关、镇流器、插座安装

B.4.2　电缆槽及线槽　工程量清单项目设置及工程量计算规则，应按表B.4.2的规定执行。

表B.4.2　电缆槽及线槽(编码:y20402)

<table>
<tr><th>项目编码</th><th>项目名称</th><th>项目特征</th><th>计量单位</th><th>工程量计算规则</th><th>工 程 内 容</th></tr>
<tr><td>y20402001</td><td>混凝土电缆槽</td><td rowspan="4">1. 规格</td><td rowspan="4">m</td><td>以延长米计算</td><td>工地运输、挖填运方、槽内外填砂、电缆槽安装、盖板、埋设标桩及标志带</td></tr>
<tr><td>y20402002</td><td>PVC线槽</td><td rowspan="3">按线槽的延长米计算，不扣除线槽中间的接线箱(盒)所占长度</td><td>线槽安装</td></tr>
<tr><td>y20402003</td><td>钢制线槽</td><td>线槽安装、油漆</td></tr>
<tr><td>y20402004</td><td>铝合金线槽</td><td>线槽安装</td></tr>
</table>

B.4.3　涂料/堵料　工程量清单项目设置及工程量计算规则，应按表B.4.3的规定执行。

表B.4.3　涂料/堵料(编码:y20403)

<table>
<tr><th>项目编码</th><th>项目名称</th><th>项目特征</th><th>计量单位</th><th>工程量计算规则</th><th>工 程 内 容</th></tr>
<tr><td>y20403001</td><td>有机防火涂料</td><td rowspan="5">1. 品种</td><td rowspan="4">t</td><td rowspan="4">以重量计算</td><td rowspan="2">防火涂料涂刷</td></tr>
<tr><td>y20403002</td><td>无机防火涂料</td></tr>
<tr><td>y20403003</td><td>有机防火堵料</td><td rowspan="2">防火堵料封堵</td></tr>
<tr><td>y20403004</td><td>无机防火堵料</td></tr>
<tr><td>y20403005</td><td>防火包</td><td>m^3</td><td>以立方米计算</td><td>防火包安装</td></tr>
<tr><td>y20403006</td><td>防火隔板</td><td>1. 材质
2. 厚度</td><td>m^2</td><td>以平方米计算</td><td>防火隔板安装</td></tr>
</table>

B.4.4　接地　工程量清单项目设置及工程量计算规则，应按表B.4.4的规定执行。

表B.4.4　接地(编码:y20404)

<table>
<tr><th>项目编码</th><th>项目名称</th><th>项目特征</th><th>计量单位</th><th>工程量计算规则</th><th>工 程 内 容</th></tr>
<tr><td>y20404001</td><td>接地用铜材</td><td rowspan="3">1. 规格</td><td rowspan="2">t</td><td rowspan="2">以设计图示数量折合成重量按重量计算</td><td rowspan="2">挖填运方、接地极(板)制作、安装、接地系统调试</td></tr>
<tr><td>y20404002</td><td>接地用镀锌型钢</td></tr>
<tr><td>y20404003</td><td>接地用黄绿线</td><td>m</td><td>以单线延长米计算</td><td>导线敷设、连接器(沟并线夹)安装</td></tr>
<tr><td>y20404004</td><td>牺牲阳极接地保护装置</td><td>1. 合金棒品种</td><td>套</td><td>以设计图示数量按套计算</td><td>表面处理、焊、配置填料、电气连接、检查头和通电点制作安装、挖坑与回填等全部工作内容</td></tr>
</table>

B.4.5 其他 工程量清单项目设置及工程量计算规则,应按表B.4.5的规定执行。

表B.4.5 其他(编码:y20405)

项目编码	项目名称	项目特征	计量单位	工程量计算规则	工程内容
y20405001	钢绞线	1. 规格	m	按钢绞线延长米计算	架设、拉紧装置固定、打膨胀螺栓
y20405002	接线盒、分线盒		个	以设计图示数量按个计算	盒开孔、固定
y20405003	接线箱、分线箱				
y20405004	避雷塔(针)		座	以设计图示数量按座计算	避雷塔(针)制作安装、引下线及附件安装、避雷系统调试
y20405005	仪表阀门		个	以设计图示数量按个计算	安装、研磨、脱脂
y20405006	仪表管(箱)接头				制作、安装

附录C　管道工程工程量清单项目及计算规则

C.1　管　道　工　程

C.1.1　钢筋混凝土管道　工程量清单项目设置及工程量计算规则，应按表C.1.1的规定执行。

表C.1.1　钢筋混凝土管道(编码：y30101)

项目编码	项目名称	项目特征	计量单位	工程量计算规则	工 程 内 容
y30101001	钢筋混凝土管	1. 规格 2. 埋设深度	m	按设计图示管道中心线长度以延长米计算，不扣除中间井及管件、阀门所占长度	挖填运方、排水、垫层、基础、管道主材及敷设

C.1.2　黑色金属管道　工程量清单项目设置及工程量计算规则，应按表C.1.2的规定执行。

表C.1.2　黑色金属管道(编码：y30102)

<table>
<tr><th>项目编码</th><th>项目名称</th><th>项目特征</th><th>计量单位</th><th>工程量计算规则</th><th>工 程 内 容</th></tr>
<tr><td>y30102001</td><td>焊接钢管—供管</td><td rowspan="5">1. 介质
2. 规格
3. 敷设方式
4. 连接方式</td><td rowspan="5">t</td><td rowspan="5">以延长米折合成重量计算，不扣除管件、阀门及法兰所占长度</td><td rowspan="3">挖填运方、排水、垫层、基础、管道(含管件、材料类阀门、法兰、垫片)主材及敷设、检验、试验、阀门研磨、除锈、试压、脱脂、探伤、吹扫、冲洗</td></tr>
<tr><td>y30102002</td><td>焊接钢管—供板</td></tr>
<tr><td>y30102003</td><td>无缝钢管</td></tr>
<tr><td>y30102004</td><td>无缝钢管(液压润滑)</td><td>管道(含管件、材料类阀门、法兰、垫片)主材及敷设、检验、试验、阀门研磨、除锈、试压、脱脂、酸洗、预膜、探伤、吹扫、冲洗</td></tr>
<tr><td>y30102005</td><td>镀锌钢管</td><td>挖填运方、排水、垫层、基础、管道(含管件、材料类阀门、法兰、垫片)主材及敷设、检验、试验、阀门研磨、试压、脱脂、探伤、吹扫、冲洗</td></tr>
</table>

续表 C.1.2

项目编码	项目名称	项目特征	计量单位	工程量计算规则	工 程 内 容
y30102006	不锈钢管	1. 介质 2. 规格 3. 敷设方式 4. 材质 5. 连接方式	t	以延长米折合成重量计算,不扣除管件、阀门及法兰所占长度	挖填运方、排水、垫层、基础、管道(含管件、材料类阀门、法兰、垫片)主材及敷设、检验、试验、阀门研磨、试压、脱脂、酸洗、预膜、探伤、吹扫、冲洗
y30102007	不锈钢管(液压润滑)	1. 介质 2. 规格 3. 敷设方式 4. 连接方式			管道(含管件、材料类阀门、法兰、垫片)主材及敷设、检验、试验、阀门研磨、试压、脱脂、酸洗、预膜、探伤、吹扫、冲洗
y30102008	铸铁管	1. 规格 2. 材质			挖填运方、排水、垫层、基础、管道(含管件、材料类阀门、法兰、垫片)主材及敷设,主材及敷设、检验、试验、阀门研磨、试压、脱脂、探伤、吹扫、冲洗

C.1.3 有色金属管道 工程量清单项目设置及工程量计算规则,应按表 C.1.3 的规定执行。

表 C.1.3 有色金属管道(编码:y30103)

项目编码	项目名称	项目特征	计量单位	工程量计算规则	工 程 内 容
y30103001	铜管	1. 介质 2. 规格 3. 敷设方式 4. 连接方式	t	以延长米折合成重量计算,不扣除管件、阀门及法兰所占长度	管道(含管件、材料类阀门、法兰、垫片)主材及敷设、检验、试验、阀门研磨、试压、脱脂、酸洗、预膜、探伤、吹扫、冲洗
y30103002	铜管(液压润滑)				

C.1.4 塑料管道 工程量清单项目设置及工程量计算规则,应按表 C.1.4 的规定执行。

表 C.1.4 塑料管道(编码:y30104)

项目编码	项目名称	项目特征	计量单位	工程量计算规则	工 程 内 容
y30104001	PVC 管	1. 规格 2. 敷设方式	m	按设计图示管道中心线长度以延长米计算,不扣除管件、阀门所占长度,遇弯管时,按两管交叉的中心线交点计算	挖填运方、排水、垫层、基础、管道(含管件、材料类阀门、法兰、垫片)主材及敷设、检验、试验、阀门研磨、试压、吹扫、冲洗

续表 C.1.4

项目编码	项目名称	项目特征	计量单位	工程量计算规则	工程内容
y30104002	CPVC管	1. 规格 2. 敷设方式	m	按设计图示管道中心线长度以延长米计算,不扣除管件、阀门所占长度,遇弯管时,按两管交叉的中心线交点计算	挖填运方、排水、垫层、基础、管道(含管件、材料类阀门、法兰、垫片)主材及敷设、检验、试验、阀门研磨、试压、吹扫、冲洗
y30104003	UPVC管				
y30104004	HDPE管				
y30104005	PP管				
y30104006	PPH管				
y30104007	PE管				
y30104008	PVDF管				
y30104009	ASS管				

C.1.5 复合管道 工程量清单项目设置及工程量计算规则,应按表C.1.5的规定执行。

表C.1.5 复合管道(编码:y30105)

项目编码	项目名称	项目特征	计量单位	工程量计算规则	工程内容
y30105001	钢塑复合管	1. 规格 2. 材质 3. 敷设方式	m/t	按设计图示管道中心线长度以延长米或折合重量计算(只计钢管重量),不扣除管件、阀门所占长度,遇弯管时,按两管交叉的中心线交点计算	管道(含管件、材料类阀门、法兰、垫片)主材及敷设、检验、试验、阀门研磨、试压、探伤、吹扫、冲洗
y30105002	钢衬铝复合管				
y30105003	网孔钢带复合管	1. 规格 2. 敷设方式	m	按设计图示管道中心线长度以延长米计算,不扣除管件、阀门所占长度,遇弯管时,按两管交叉的中心线交点计算	管道(含管件、材料类阀门、法兰、垫片)主材及敷设、检验、试验、阀门研磨、除锈、试压、探伤、吹扫、冲洗
y30105004	钢衬玻璃管	1. 规格 2. 材质 3. 敷设方式			挖填运方、排水、管道(含管件、材料类阀门、法兰、垫片)主材及敷设、检验、试验、阀门研磨

C.1.6 风管 工程量清单项目设置及工程量计算规则，应按表C.1.6的规定执行。

表C.1.6 风管(编码：y30106)

项目编码	项目名称	项目特征	计量单位	工程量计算规则	工程内容
y30106001	复合风管	1. 材质 2. 截面及厚度	m^2	按设计图示以展开面积计算，不扣除检查孔、测定孔、送风口、吸风口等所占面积；风管长度一律以设计图示中心线长度为准（主管与支管以其中心线交点划分），包括弯头、三通、变径管、天圆地方等管件的长度，风管展开面积不包括风管、管口重叠部分面积。直径和周长按图示尺寸为准展开	管道（含管件、法兰、垫片）制作、敷设、检验
y30106002	玻璃钢风管	1. 截面及厚度			
y30106003	钢板风管	1. 材质 2. 截面及厚度	m^2/t	按设计图示以展开面积或折合重量计算，不扣除检查孔、测定孔、送风口、吸风口等所占面积；风管长度一律以设计图示中心线长度为准（主管与支管以其中心线交点划分），包括弯头、三通、变径管、天圆地方等管件的长度，风管展开面积不包括风管、管口重叠部分面积。直径和周长按图示尺寸为准展开	
y30106004	镀锌薄钢板风管	1. 截面及厚度 2. 风管形状			

C.1.7 其他管道 工程量清单项目设置及工程量计算规则，应按表C.1.7的规定执行。

表C.1.7 其他管道(编码：y30107)

项目编码	项目名称	项目特征	计量单位	工程量计算规则	工程内容
y30107001	内衬高分子材料耐磨管	1. 规格	t	以延长米折合成重量计算，不扣除管件、阀门及法兰所占长度	管道（含管件、材料类阀门、法兰、垫片）预热、热处理、主材及敷设、检验、试验、阀门研磨、除锈、试压、探伤、吹扫、冲洗
y30107002	耐磨合金管				

续表 C.1.7

项目编码	项目名称	项目特征	计量单位	工程量计算规则	工程内容
y30107003	玻璃钢管	1. 厚度 2. 规格 3. 敷设方式	m	按设计图示管道中心线长度以延长米计算，不扣除管件、阀门所占长度，遇弯管时，按两管交叉的中心线交点计算	挖填运方、排水、管道（含管件、材料类阀门、法兰、垫片）主材及敷设、检验、试验、阀门研磨
y30107004	合金钢管	1. 材质 2. 规格 3. 敷设方式	t	以延长米折合成重量计算，不扣除管件、阀门及法兰所占长度	管道（含管件、材料类阀门、法兰、垫片）主材及敷设、焊前预热、焊后热处理、检验、试验、阀门研磨、除锈、试压、探伤、吹扫、冲洗、光谱分析、硬度检测

C.2　管道涂覆工程

C.2.1　管道内涂覆　工程量清单项目设置及工程量计算规则，应按表C.2.1的规定执行。

表C.2.1　管道内涂覆（编码：y30201）

项目编码	项目名称	项目特征	计量单位	工程量计算规则	工程内容
y30201001	镀锌	1. 涂刷要求	m^2	工程实物量按管道的表面积计算，管道表面积计算公式为：$S=\pi DL$，式中，π为圆周率；D为管道内径；L为管道延长米	材料检验、调配、涂刷
y30201002	无毒环氧树脂				
y30201003	环氧煤沥青				
y30201004	氯磺化聚乙烯漆				
y30201005	无机富锌漆				
y30201006	APP加强防腐				
y30201007	冶金粉末				

C.2.2　管道外涂覆　工程量清单项目设置及工程量计算规则，应按表C.2.2的规定执行。

表C.2.2　管道外涂覆（编码：y30202）

项目编码	项目名称	项目特征	计量单位	工程量计算规则	工程内容
y30202001	醇酸磁漆	1. 涂刷要求	m^2	工程实物量按管道的表面积计算，管道表面积计算公式为：$S=\pi DL$，式中，π为圆周率；D为管道外径；L为管道延长米	材料检验、调配、涂刷
y30202002	环氧富锌漆				
y30202003	氯磺化聚乙烯漆				
y30202004	有机硅耐热漆				
y30202005	高氯化聚乙烯漆				
y30202006	无机富锌漆				

续表 C. 2. 2

项目编码	项目名称	项目特征	计量单位	工程量计算规则	工 程 内 容
y30202007	聚氨酯铝粉耐热漆	1. 涂刷要求	m^2	工程实物量按管道的表面积计算，管道表面积计算公式为：$S=\pi DL$，式中，π 为圆周率；D 为管道外径；L 为管道延长米	材料检验、调配、涂刷
y30202008	银粉漆				
y30202009	环氧煤沥青				
y30202010	沥青漆防腐				
y30202011	镀锌				
y30202012	APP 加强防腐				
y30202013	3Pe 防腐				

C. 2. 3 其他管道防腐 工程量清单项目设置及工程量计算规则，应按表 C. 2. 3 的规定执行。

表 C. 2. 3 其他管道防腐（编码：y30203）

项目编码	项目名称	项目特征	计量单位	工程量计算规则	工 程 内 容
y30203001	阴极保护	1. 材质	支	按设计图示数量计算	挖填运方、防腐层的剥离、打磨、防腐层的恢复、阴极安装、焊接、测试桩安装
y30203002	阳极保护				挖填运方、防腐层的剥离、打磨、防腐层的恢复、阳极安装、焊接、测试桩安装

C. 3 管道及设备保温工程

C. 3. 1 管道及设备保温工程 工程量清单项目设置及工程量计算规则，应按表 C. 3. 1 的规定执行。

表 C. 3. 1 管道及设备保温（编码：y30301）

项目编码	项目名称	项目特征	计量单位	工程量计算规则	工 程 内 容
y30301001	普通保温	1. 规格 2. 材质	m^3	按设计图示以体积计算	保温材料安装、检查
y30301002	橡塑保温	1. 规格			
y30301003	管道（含阀门、法兰）保温包保护层	1. 规格 2. 材质 3. 厚度	m^2	按设计图示以面积计算	

C.4　其　他　工　程

C.4.1　其他　工程量清单项目设置及工程量计算规则，应按表C.4.1的规定执行。

表C.4.1　其他(编码:y30401)

项目编码	项目名称	项目特征	计量单位	工程量计算规则	工程内容
y30401001	风口	1. 规格 2. 材质 3. 形式	m^2	按设计图示以面积计算	材料类风口及其安装
y30401002	补偿器	1. 规格 2. 材质	个/t	按设计图示数量或折合重量计算	材料类补偿器及其安装
y30401003	消火栓—室内型	1. 规格	组	按设计图示数量计算	安装
y30401004	消火栓—室外型				挖填运方、安装
y30401005	消防箱		套		消防箱及箱内配件安装
y30401006	消防喷头	1. 规格 2. 材质	个		安装及试验
y30401007	填(滤)料	1. 材质	t/m^3	按实际重量或设计图示以体积计算	材料安装、检查
y30401008	钢管预安装(含装、拆)	1. 规格 2. 材质	t	按组成管道系统的管道、管件、材料类阀门及法兰的重量计算	管道敷设及拆除、管件安装及拆除、法兰安装及拆除
y30401009	非碳钢材质管夹	1. 材质 2. 规格	个	按设计图示数量计算	材料、安装

附录D　炉窑工程工程量清单项目及计算规则

D.1　炉窑砌筑工程

D.1.1　定型耐火材料砌筑　工程量清单项目设置及工程量计算规则，应按表D.1.1的规定执行。

表D.1.1　定型耐火材料砌筑(编码：y40101)

项目编码	项目名称	项目特征	计量单位	工程量计算规则	工程内容
y40101001	耐火砖	1. 材质 2. 容重	t	按设计图示净用量计算，耐火泥量不计入工程量，其施工费以消耗量方式计入综合单价	运输、检试验、选砖、预砌筑、砖加工、脚手架搭拆、砌筑、二次勾缝吹风清扫
y40101002	轻质耐火砖				

D.1.2　不定型耐火材料砌筑　工程量清单项目设置及工程量计算规则，应按表D.1.2的规定执行。

表D.1.2　不定型耐火材料砌筑(编码：y40102)

项目编码	项目名称	项目特征	计量单位	工程量计算规则	工程内容
y40102001	重质浇注料	1. 材质 2. 容重	t	按设计图示净用量计算	运输、检试验、脚手架搭拆、模板安拆堆放、浇捣、养护
y40102002	轻质浇注料				
y40102003	重质喷涂料				运输、检试验、脚手架搭拆、模板安拆堆放、喷涂、养护
y40102004	轻质喷涂料				
y40102005	捣打料				运输、检试验、脚手架搭拆、模板安拆堆放、浇捣、捣打、养护
y40102006	纤维成型料(板、带、绳、毯、毡、块)				运输、检试验、脚手架搭拆、模板安拆堆放、浇铺、养护
y40102007	可塑料				运输、检试验、脚手架搭拆、模板安拆堆放、浇捣、捣打、养护
y40102008	压入料				运输、检试验、脚手架搭拆、模板安拆堆放、浇压、养护

D.2 其 他 工 程

D.2.1 其他 工程量清单项目设置及工程量计算规则，应按表D.2.1的规定执行。

表D.2.1 其他(编码：y40201)

项目编码	项目名称	项目特征	计量单位	工程量计算规则	工程内容
y40201001	组合砖加工及预组装	1. 材质 2. 容重	t	按设计图示净用量计算	运输、设计、母砖切割、子砖加工、胎模制拆、组装、检查、堆放
y40201002	锚固件、铁件及吊挂件	1. 材质	t	按设计图示用量计算	运输、制作、安装
y40201003	设备供锚固件、铁件及吊挂件	1. 材质	t	按设计图示用量计算	运输、安装
y40201004	普通金属网片	1. 材质	m^2	按设计图示用量计算	运输、制作、安装
y40201005	龟甲网	1. 材质	m^2	按设计图示用量计算	运输、制作、安装

附录E 机械设备安装工程工程量清单项目及计算规则

E.1 原料场工程

E.1.1 输入设施 工程量清单项目设置及工程量计算规则，应按表E.1.1的规定执行。

表E.1.1 输入设施(编码：y50101)

项目编码	项目名称	项目特征	计量单位	工程量计算规则	工程内容
y50101001	胶带输送机	1. 名称 2. 型号 3. 输送机长度、宽度	t	按设计图示或设备装箱单提供的重量计算	本体构架、托辊、头部、尾部、减速机、电动机、拉紧装置安装，皮带安装及胶接
y50101002	输送设备	1. 名称 2. 型号 3. 规格			开箱清点、场内运输、外观检查、设备清洗、吊装、联结、安装就位、调整、固定及设备本体的单体调试
y50101003	除铁器				
y50101004	漏斗	1. 名称 2. 型号 3. 规格 4. 材质			

E.1.2 料场 工程量清单项目设置及工程量计算规则，应按表E.1.2的规定执行。

表E.1.2 料场(编码：y50102)

项目编码	项目名称	项目特征	计量单位	工程量计算规则	工程内容
y50102001	堆料机	1. 名称 2. 型号 3. 规格 4. 材质	t	按设计图示或设备装箱单提供的重量计算	开箱清点、场内运输、外观检查、设备清洗、吊装、联结、安装就位、调整、固定及设备本体的单体调试
y50102002	取料机				
y50102003	堆取料机				
y50102004	输送设备				
y50102005	除铁器				
y50102006	漏斗				
y50102007	设备钢结构				
y50102008	阀类设备				

E.1.3　输出设施　工程量清单项目设置及工程量计算规则，应按表 E.1.3 的规定执行。

表 E.1.3　输出设施(编码：y50103)

项目编码	项目名称	项目特征	计量单位	工程量计算规则	工 程 内 容
y50103001	输送设备	1. 名称 2. 型号 3. 规格 4. 材质	t	按设计图示或设备装箱单提供的重量计算	开箱清点、场内运输、外观检查、设备清洗、吊装、联结、安装就位、调整、固定及设备本体的单体调试
y50103002	除铁器				
y50103003	漏斗				
y50103004	阀类设备				
y50103005	溜槽				
y50103006	卸矿车				
y50103007	胶带机闸门				
y50103008	给料机				
y50103009	空气炮				

E.1.4　破碎、筛分设施　工程量清单项目设置及工程量计算规则，应按表 E.1.4 的规定执行。

表 E.1.4　破碎、筛分设施(编码：y50104)

项目编码	项目名称	项目特征	计量单位	工程量计算规则	工 程 内 容
y50104001	破碎机	1. 名称 2. 型号 3. 规格 4. 材质	t	按设计图示或设备装箱单提供的重量计算	开箱清点、场内运输、外观检查、设备清洗、吊装、联结、安装就位、调整、固定及设备本体的单体调试
y50104002	振动筛				
y50104003	给料机				
y50104004	取样设备				
y50104005	输送设备				
y50104006	除铁器				
y50104007	漏斗				
y50104008	溜槽				
y50104009	卸矿车				
y50104010	检修台车				
y50104011	闸门				

E.1.5　辅助设施　工程量清单项目设置及工程量计算规则，应按表 E.1.5 的规定执行。

表 E.1.5　辅助设施(编码：y50105)

项目编码	项目名称	项目特征	计量单位	工程量计算规则	工 程 内 容
y50105001	输送设备	1. 名称 2. 型号 3. 规格 4. 材质	t	按设计图示或设备装箱单提供的重量计算	开箱清点、场内运输、外观检查、设备清洗、吊装、联结、安装就位、调整、固定及设备本体的单体调试
y50105002	除铁器				
y50105003	漏斗				
y50105004	取样机				
y50105005	风机				

续表 E. 1. 5

项目编码	项目名称	项目特征	计量单位	工程量计算规则	工 程 内 容
y50105006	液压润滑设备	1. 规格 2. 材质 3. 油箱容积 4. 输送介质	t	按设计图示或设备装箱单提供的重量计算	开箱清点、场内运输、外观检查、设备清洗、润滑站设备(含储油箱、油泵、冷却器及自动控制器)、润滑点、分配阀安装至单体试车
y50105007	随设备带的液压润滑机体管道	1. 名称 2. 规格 3. 型号 4. 材质 5. 输送介质		按组成管道系统的管道、管件、阀门、法兰及支架的重量计算	开箱清点、场内运输、外观检查、管道、管道附件、支架安装、试压、吹扫、冲洗、酸洗、单体调试
y50105008	随设备带的能介机体管				

E. 1. 6 其他设备 工程量清单项目设置及工程量计算规则,应按表 E. 1. 6 的规定执行。

表 E. 1. 6 其他设备(编码:y50106)

项目编码	项目名称	项目特征	计量单位	工程量计算规则	工 程 内 容
y50106001	其他设备	1. 名称 2. 型号 3. 规格 4. 材质	t	按设计图示或设备装箱单提供的重量计算	开箱清点、场内运输、外观检查、设备清洗、吊装、联结、安装就位、调整、固定及设备本体的单体调试

E. 2 烧 结 工 程

E. 2. 1 燃料及熔剂破碎、筛分系统工艺设备 工程量清单项目设置及工程量计算规则,应按表 E. 2. 1 的规定执行。

表 E. 2. 1 燃料及熔剂破碎、筛分系统工艺设备(编码:y50201)

项目编码	项目名称	项目特征	计量单位	工程量计算规则	工 程 内 容
y50201001	给料机	1. 名称 2. 型号 3. 规格	t	按设计图示或设备装箱单提供的重量计算	开箱清点、场内运输、外观检查、设备清洗、吊装、联结、安装就位、调整、固定及设备本体的单体调试
y50201002	卸车机				
y50201003	振动斗				
y50201004	取制样机				
y50201005	电液动平板阀				
y50201006	防闭塞装置				
y50201007	电磁除铁器				
y50201008	破碎机				
y50201009	振动筛				

续表 E.2.1

项目编码	项目名称	项目特征	计量单位	工程量计算规则	工 程 内 容
y50201010	漏斗	1. 名称 2. 型号 3. 规格 4. 材质	t	按设计图示或设备装箱单提供的重量计算	开箱清点、场内运输、外观检查、设备清洗、吊装、联结、安装就位、调整、固定及设备本体的单体调试
y50201011	输送设备	1. 名称 2. 型号 3. 规格			
y50201012	固定漏矿车				
y50201013	阀类设备				
y50201014	加湿机				
y50201015	生石灰计量消化装置				
y50201016	生石灰接收装置				

E.2.2 配料及混合系统工艺设备 工程量清单项目设置及工程量计算规则，应按表 E.2.2 的规定执行。

表 E.2.2 配料及混合系统工艺设备(编码:y50202)

项目编码	项目名称	项目特征	计量单位	工程量计算规则	工 程 内 容
y50202001	生石灰计量消化装置	1. 名称 2. 型号 3. 规格	t	按设计图示或设备装箱单提供的重量计算	开箱清点、场内运输、外观检查、设备清洗、吊装、联结、安装就位、调整、固定及设备本体的单体调试
y50202002	振动斗				
y50202003	给料机				
y50202004	混合机				
y50202005	滚煤机				
y50202006	阀类设备				

E.2.3 烧结、冷却系统工艺设备 工程量清单项目设置及工程量计算规则，应按表 E.2.3 的规定执行。

表 E.2.3 烧结、冷却系统工艺设备(编码:y50203)

项目编码	项目名称	项目特征	计量单位	工程量计算规则	工 程 内 容
y50203001	梭式布料器	1. 名称 2. 型号 3. 规格	t	按设计图示或设备装箱单提供的重量计算	开箱清点、场内运输、外观检查、设备清洗、吊装、联结、安装就位、调整、固定及设备本体的单体调试
y50203002	烧结机				
y50203003	破碎机				
y50203004	阀类设备				
y50203005	环冷机				

续表 E.2.3

项目编码	项目名称	项目特征	计量单位	工程量计算规则	工 程 内 容
y50203006	余热回收装置	1. 名称 2. 型号 3. 规格	t	按设计图示或设备装箱单提供的重量计算	开箱清点、场内运输、外观检查、设备清洗、吊装、联结、安装就位、调整、固定及设备本体的单体调试
y50203007	输送设备				
y50203008	液压润滑设备	1. 规格 2. 材质 3. 油箱容积 4. 输送介质			开箱清点、场内运输、外观检查、设备清洗、润滑站设备(含储油箱、油泵、冷却器及自动控制器)、润滑点、分配阀安装至单体试车
y50203009	随设备带的液压润滑机体管道	1. 名称 2. 规格 3. 型号 4. 材质 5. 输送介质		按组成管道系统的管道、管件、阀门、法兰及支架的重量计算	开箱清点、场内运输、外观检查、管道、管道附件、支架安装、试压、吹扫、冲洗、酸洗、单体调试
y50203010	随设备带的能介机体管				

E.2.4　主抽风机室　工程量清单项目设置及工程量计算规则,应按表 E.2.4 的规定执行。

表 E.2.4　主抽风机室(编码:y50204)

项目编码	项目名称	项目特征	计量单位	工程量计算规则	工 程 内 容
y50204001	除尘设备	1. 名称 2. 型号 3. 规格	t	按设计图示或设备装箱单提供的重量计算	开箱清点、场内运输、外观检查、设备清洗、吊装、联结、安装就位、调整、固定及设备本体的单体调试
y50204002	阀类设备				
y50204003	输送设备				
y50204004	主抽风机				
y50204005	消声器				

E.2.5　成品筛分系统工艺设备　工程量清单项目设置及工程量计算规则,应按表 E.2.5 的规定执行。

表 E.2.5　成品筛分系统工艺设备(编码:y50205)

项目编码	项目名称	项目特征	计量单位	工程量计算规则	工 程 内 容
y50205001	椭圆筛	1. 名称 2. 型号 3. 规格	t	按设计图示或设备装箱单提供的重量计算	开箱清点、场内运输、外观检查、设备清洗、吊装、联结、安装就位、调整、固定及设备本体的单体调试
y50205002	成品取样机				
y50205003	电动门				
y50205004	振动筛				
y50205005	ISO 转鼓				
y50205006	鼓后筛				
y50205007	摇筛				
y50205008	破碎机				

续表 E. 2. 5

项目编码	项目名称	项目特征	计量单位	工程量计算规则	工程内容
y50205009	漏斗	1. 名称 2. 型号 3. 规格 4. 材质	t	按设计图示或设备装箱单提供的重量计算	开箱清点、场内运输、外观检查、设备清洗、吊装、联结、安装就位、调整、固定及设备本体的单体调试
y50205010	给料机	1. 名称 2. 型号 3. 规格			
y50205011	重型卸料车				
y50205012	阀类设备				
y50205013	移动台秤				
y50205014	输送设备				

E. 2. 6　转运站系统工艺设备　工程量清单项目设置及工程量计算规则，应按表 E. 2. 6 的规定执行。

表 E. 2. 6　转运站系统工艺设备(编码:y50206)

项目编码	项目名称	项目特征	计量单位	工程量计算规则	工程内容
y50206001	输送设备	1. 名称 2. 型号 3. 规格	t	按设计图示或设备装箱单提供的重量计算	开箱清点、场内运输、外观检查、设备清洗、吊装、联结、安装就位、调整、固定及设备本体的单体调试
y50206002	溜槽	1. 名称 2. 型号 3. 规格 4. 材质			
y50206003	漏斗				
y50206004	阀类设备	1. 名称 2. 型号 3. 规格			

E. 2. 7　工业炉设备安装工程　工程量清单项目设置及工程量计算规则，应按表 E. 2. 7 的规定执行。

表 E. 2. 7　工业炉设备安装工程(编码:y50207)

项目编码	项目名称	项目特征	计量单位	工程量计算规则	工程内容
y50207001	点火炉	1. 名称 2. 型号 3. 规格	t	按设计图示或设备装箱单提供的重量计算	开箱清点、场内运输、外观检查、设备清洗、吊装、联结、安装就位、调整、固定及设备本体的单体调试
y50207002	烘炉器				
y50207003	风机				
y50207004	阀类设备				

E.2.8 通风除尘设备安装工程 工程量清单项目设置及工程量计算规则，应按表 E.2.8 的规定执行。

表 E.2.8 通风除尘设备安装工程(编码:y50208)

项目编码	项目名称	项目特征	计量单位	工程量计算规则	工程内容
y50208001	除尘设备	1. 名称 2. 型号 3. 规格	t	按设计图示或设备装箱单提供的重量计算	开箱清点、场内运输、外观检查、设备清洗、吊装、联结、安装就位、调整、固定及设备本体的单体调试
y50208002	风机				
y50208003	电动执行器				
y50208004	补偿器				
y50208005	阀类设备				
y50208006	阻力平衡器				
y50208007	密封装置				
y50208008	消声器				
y50208009	加湿机				
y50208010	输送设备				

E.2.9 其他设备 工程量清单项目设置及工程量计算规则，应按表 E.2.9 的规定执行。

表 E.2.9 其他设备(编码:y50209)

项目编码	项目名称	项目特征	计量单位	工程量计算规则	工程内容
y50209001	其他设备	1. 名称 2. 型号 3. 规格	t	按设计图示或设备装箱单提供的重量计算	开箱清点、场内运输、外观检查、设备清洗、吊装、联结、安装就位、调整、固定及设备本体的单体调试

E.3 焦 化 工 程

E.3.1 备煤车间 工程量清单项目设置及工程量计算规则，应按表 E.3.1 的规定执行。

表 E.3.1 备煤车间(编码:y50301)

项目编码	项目名称	项目特征	计量单位	工程量计算规则	工程内容
y50301001	给料装置	1. 名称 2. 规格 3. 型号 4. 处理能力	t	按设计图示或设备装箱单提供的重量计算	开箱清点、场内运输、外观检查、设备清洗、吊装、联结、安装就位、调整、固定及设备本体的单体调试
y50301002	配煤装置	1. 名称 2. 型号 3. 规格 4. 材质			

续表 E. 3. 1

<table>
<tr><th>项目编码</th><th>项目名称</th><th>项目特征</th><th>计量单位</th><th>工程量计算规则</th><th>工 程 内 容</th></tr>
<tr><td>y50301003</td><td>堆取料机</td><td>1. 名称
2. 型号
3. 高度
4. 堆取能力</td><td rowspan="9">t</td><td rowspan="7">按设计图示或设备装箱单提供的重量计算</td><td>开箱清点、场内运输、外观检查、设备清洗、吊装、联结、安装就位、调整、固定及设备本体的单体调试</td></tr>
<tr><td>y50301004</td><td>胶带输送机</td><td>1. 名称
2. 型号
3. 输送机长度、宽度</td><td>本体构架、托辊、头部、尾部、减速机、电动机、拉紧装置安装，皮带安装及胶接</td></tr>
<tr><td>y50301005</td><td>漏斗及溜槽</td><td rowspan="2">1. 名称
2. 型号
3. 规格
4. 材质</td><td rowspan="4">开箱清点、场内运输、外观检查、设备清洗、吊装、联结、安装就位、调整、固定及设备本体的单体调试</td></tr>
<tr><td>y50301006</td><td>辅助设备</td></tr>
<tr><td>y50301007</td><td>粉碎设备</td><td>1. 名称
2. 规格
3. 型号
4. 处理能力</td></tr>
<tr><td>y50301008</td><td>转运站辅助设备</td><td>1. 名称
2. 型号
3. 规格
4. 材质</td></tr>
<tr><td>y50301009</td><td>液压润滑设备</td><td>1. 规格
2. 材质
3. 油箱容积
4. 输送介质</td><td>开箱清点、场内运输、外观检查、设备清洗、液压、润滑站设备(含过滤器、蓄势罐、油箱、油泵、储油器、冷却器及自动控制器)、润滑点、分配阀安装至单体试车</td></tr>
<tr><td>y50301010</td><td>随设备带的液压润滑机体管道</td><td rowspan="2">1. 名称
2. 规格
3. 型号
4. 材质
5. 输送介质</td><td rowspan="2">按组成管道系统的管道、管件、阀门、法兰及支架的重量计算</td><td rowspan="2">开箱清点、场内运输、外观检查、管道、管道附件、支架安装、试压、吹扫、冲洗、酸洗、单体调试</td></tr>
<tr><td>y50301011</td><td>随设备带的能介机体管</td></tr>
</table>

E.3.2 炼焦车间 工程量清单项目设置及工程量计算规则，应按表E.3.2的规定执行。

表E.3.2 炼焦车间(编码:y50302)

项目编码	项目名称	项目特征	计量单位	工程量计算规则	工程内容
y50302001	焦炉本体炉柱	1. 名称 2. 型号 3. 规格 4. 材质	t	按设计图示或设备装箱单提供的重量计算	开箱清点、场内运输、外观检查、设备清洗、吊装、联结、安装就位、调整、固定及设备本体的单体调试
y50302002	焦炉本体纵横拉条、弹簧				
y50302003	焦炉本体炉门、炉门框、保护板				
y50302004	焦炉本体集气管、上升管、桥管				
y50302005	焦炉本体烟道				
y50302006	焦炉本体阀类设备				
y50302007	焦炉本体泵类设备				
y50302008	焦炉本体高低压氨水切换装置				
y50302009	焦炉本体焦炉煤气放散水封槽				
y50302010	焦炉本体自动放散点火装置				
y50302011	焦炉本体炉门修理站及小车				
y50302012	焦炉本体高低压氨水喷嘴				
y50302013	焦炉本体推焦杆平煤杆试验更换站				
y50302014	焦炉本体液压交换机				
y50302015	焦炉本体交换传动装置				
y50302016	焦炉本体预热器及混合器				
y50302017	焦炉本体辅助设备				

续表 E.3.2

项目编码	项目名称	项目特征	计量单位	工程量计算规则	工 程 内 容
y50302018	装煤车	1. 名称 2. 型号 3. 规格 4. 材质	t	按设计图示或设备装箱单提供的重量计算	开箱清点、场内运输、外观检查、设备清洗、吊装、联结、安装就位、调整、固定及设备本体的单体调试
y50302019	推焦机				
y50302020	拦焦机				
y50302021	熄焦车				
y50302022	电机车				
y50302023	牵车台台车				
y50302024	导烟车				
y50302025	捣固机				
y50302026	电梯				
y50302027	煤塔设备				
y50302028	干熄焦装入装置用电动缸(含变频调速系统)				
y50302029	干熄焦排出装置用振动给料器				
y50302030	干熄焦排出装置用旋转密封阀(含传动装置)				
y50302031	干熄焦提升机				
y50302032	干熄焦运载车				
y50302033	干熄焦焦罐				
y50302034	干熄焦气体冷却器				
y50302035	干熄焦装入装置				
y50302036	干熄焦排焦装置				
y50302037	干熄焦阀类设备				
y50302038	干熄焦供气装置				
y50302039	干熄焦干熄炉外壳				

续表 E. 3. 2

项目编码	项目名称	项目特征	计量单位	工程量计算规则	工 程 内 容
y50302040	干熄焦环形气道及一次除尘器顶放散装置	1. 名称 2. 型号 3. 规格 4. 材质	t	按设计图示或设备装箱单提供的重量计算	开箱清点、场内运输、外观检查、设备清洗、吊装、联结、安装就位、调整、固定及设备本体的单体调试
y50302041	干熄焦空气鼓入装置				
y50302042	干熄焦循环风机				
y50302043	干熄焦一次除尘器焦粉冷却装置				
y50302044	熄焦除尘装置一、二次除尘器				
y50302045	熄焦除尘装置风机				
y50302046	干熄焦辅助设备				
y50302047	筛焦系统振动筛				
y50302048	筛焦系统闸类设备	1. 名称 2. 规格 3. 型号 4. 安装高度			
y50302049	筛焦系统刮板放焦机	1. 名称 2. 型号 3. 规格 4. 材质			
y50302050	筛焦系统卸车机				
y50302051	筛焦系统胶带输送机	1. 名称 2. 规格 3. 型号 4. 输送机长度、宽度			本体构架、托辊、头部、尾部、减速机、电动机、拉紧装置安装，皮带安装及胶接
y50302052	除尘系统除尘器	1. 名称 2. 型号 3. 规格 4. 材质			开箱清点、场内运输、外观检查、设备清洗、吊装、联结、安装就位、调整、固定及设备本体的单体调试
y50302053	除尘系统预喷涂装置				

续表 E. 3. 2

项目编码	项目名称	项目特征	计量单位	工程量计算规则	工 程 内 容
y50302054	除尘系统风机（含减振台座）	1. 名称 2. 型号 3. 规格 4. 材质	t	按设计图示或设备装箱单提供的重量计算	开箱清点、场内运输、外观检查、设备清洗、吊装、联结、安装就位、调整、固定及设备本体的单体调试
y50302055	除尘系统液力偶合器				
y50302056	除尘系统消声器				
y50302057	除尘系统输送机	1. 名称 2. 型号 3. 规格 4. 输送机长度、宽度			本体构架、托辊、头部、尾部、减速机、电动机、拉紧装置安装，皮带安装及胶接
y50302058	除尘系统阀类设备	1. 名称 2. 规格 3. 型号 4. 材质 5. 安装高度			开箱清点、场内运输、外观检查、设备清洗、吊装、联结、安装就位、调整、固定及设备本体的单体调试
y50302059	除尘系统加湿卸灰机				
y50302060	除尘系统烟囱/贮灰仓				
y50302061	除尘系统贮气罐类设备				
y50302062	除尘系统伸缩器				
y50302063	除尘系统集中润滑给脂系统				
y50302064	衬里	1. 衬里厚度 2. 衬里型号	m^2	按实际贴衬面积计算，不扣除人孔面积	金属面喷砂、打磨，运料、下料、削边、刷胶浆、砌衬、压实、硬度检验、火花试验等全部工程内容
y50302065	液压润滑设备	1. 规格 2. 材质 3. 油箱容积 4. 输送介质	t	按设计图示或设备装箱单提供的重量计算	开箱清点、场内运输、外观检查、设备清洗、液压、润滑站设备（含过滤器、蓄势罐、油箱、油泵、储油器、冷却器及自动控制器）、润滑点、分配阀安装至单体试车
y50302066	随设备带的液压润滑机体管道	1. 名称 2. 规格 3. 型号 4. 材质 5. 输送介质		按组成管道系统的管道、管件、阀门、法兰及支架的重量计算	开箱清点、场内运输、外观检查、管道、管道附件、支架安装、试压、吹扫、冲洗、酸洗、单体调试
y50302067	随设备带的能介机体管				

E.3.3　煤气净化车间　工程量清单项目设置及工程量计算规则，应按表E.3.3的规定执行。

表E.3.3　煤气净化车间(编码：y50303)

项目编码	项目名称	项目特征	计量单位	工程量计算规则	工程内容
y50303001	冷凝鼓风工段泵类设备	1. 名称 2. 型号 3. 规格 4. 压力 5. 输送介质	t	按设计图示或设备装箱单提供的重量计算	开箱清点、场内运输、外观检查、设备清洗、吊装、联结、安装就位、调整、固定及单体调试
y50303002	冷凝鼓风工段阀类设备				
y50303003	冷凝鼓风工段除焦油器(含刮板机、搅拌机电机)				
y50303004	冷凝鼓风工段煤气鼓风机				
y50303005	冷凝鼓风工段滤油机		台	按设计图示或设备装箱单提供的数量计算	
y50303006	冷凝鼓风工段氮气加热器、消声器、补偿器等				
y50303007	冷凝鼓风工段焦油小车				
y50303008	冷凝鼓风工段横管初冷器	1. 名称 2. 规格 3. 型号 4. 冷却面积	t	按设计图示或设备装箱单提供的重量计算	开箱清点、场内运输、外观检查、设备清洗、吊装、联结、分段组装、泄漏试验、安装就位、调整、固定及单体调试
y50303009	冷凝鼓风工段电捕焦油器	1. 名称 2. 规格 3. 型号 4. 材质			
y50303010	冷凝鼓风工段机械化氨水澄清槽(含减速机、电机)				
y50303011	冷凝鼓风工段焦油分离器(含减速机、电机)				
y50303012	冷凝鼓风工段槽、罐类设备	1. 名称 2. 规格 3. 材质 4. 内部构件 5. 安装高度		按设计图示或设备装箱单提供的重量计算(不扣除容器孔洞面积)，本体材质、喷头、内件等质量分别计算	开箱清点、场内运输、外观检查、设备清洗、吊装、联结、焊缝热处理、安装就位、调整、压力试验、固定及单体调试

续表 E.3.3

项目编码	项目名称	项目特征	计量单位	工程量计算规则	工 程 内 容
y50303013	冷凝鼓风工段填料	1. 名称 2. 规格 3. 型号 4. 材质 5. 高度	t/m³	按设计图示以理论质量或体积计算	填充
y50303014	冷凝鼓风工段辅助设备	1. 名称 2. 型号 3. 规格 4. 材质	t	按设计图示或设备装箱单提供的重量计算	开箱清点、场内运输、外观检查、设备清洗、吊装、联结、安装就位、调整、固定及单体调试
y50303015	脱硫工段泵类设备	1. 名称 2. 型号 3. 规格 4. 输送介质			
y50303016	脱硫工段阀类设备				
y50303017	脱硫工段熔硫釜	1. 名称 2. 规格 3. 型号 4. 材质 5. 冷却面积			
y50303018	脱硫工段冷却器、分离器、过滤器、收集器、蒸发器、加热器等				
y50303019	脱硫工段检验漏斗及贮斗	1. 名称 2. 规格 3. 材质 4. 内部构件 5. 安装高度		按设计图示或设备装箱单提供的重量计算(不扣除容器孔洞面积)	开箱清点、场内运输、外观检查、设备清洗、吊装、联结、焊缝热处理、安装就位、调整、压力试验、清洗、固定及单体调试
y50303020	脱硫工段槽、罐类设备			按设计图示或设备装箱单提供的重量计算(不扣除容器孔洞面积),本体材质、喷头、内件等质量分别计算	
y50303021	脱硫工段塔类设备				

续表 E. 3. 3

项目编码	项目名称	项目特征	计量单位	工程量计算规则	工 程 内 容
y50303022	脱硫工段填料	1. 名称 2. 规格 3. 型号 4. 材质 5. 高度	t/m^3	按设计图示以理论质量或体积计算	填充
y50303023	脱硫工段手摇式卷扬机及传动滑轮	1. 名称 2. 规格 3. 型号 4. 材质	台	按设计图示或设备装箱单提供的数量计算	开箱清点、场内运输、外观检查、设备清洗、吊装、联结、安装就位、调整、固定及单体调试
y50303024	脱硫工段辅助设备		t	按设计图示或设备装箱单提供的重量计算	
y50303025	蒸铵工段泵类设备	1. 名称 2. 型号 3. 规格 4. 压力 5. 输送介质			
y50303026	蒸铵工段阀类设备	1. 名称 2. 规格 3. 型号 4. 安装高度			
y50303027	蒸铵工段氨分缩器	1. 名称 2. 规格 3. 型号 4. 材质			
y50303028	蒸铵工段换热器				
y50303029	蒸铵工段冷却器				
y50303030	蒸铵工段槽、罐类设备	1. 名称 2. 规格 3. 材质 4. 内部构件 5. 安装高度		按设计图示或设备装箱单提供的重量计算(不扣除容器孔洞面积),本体材质、喷头、内件等质量分别计算	开箱清点、场内运输、外观检查、设备清洗、吊装、联结、焊缝热处理、安装就位、调整、压力试验、固定及单体调试
y50303031	蒸铵工段塔类设备				
y50303032	蒸铵工段填料	1. 名称 2. 规格 3. 型号 4. 材质 5. 高度	t/m^3	按设计图示以理论质量或体积计算	填充

续表 E. 3. 3

项目编码	项目名称	项目特征	计量单位	工程量计算规则	工 程 内 容
y50303033	蒸铵工段辅助设备	1. 名称 2. 规格 3. 型号 4. 材质	t	按设计图示或设备装箱单提供的重量计算	开箱清点、场内运输、外观检查、设备清洗、吊装、联结、安装就位、调整、固定及单体调试
y50303034	硫铵工段泵类设备	1. 名称 2. 型号 3. 规格 4. 压力 5. 输送介质			开箱清点、场内运输、外观检查、设备清洗、拆装检查、吊装、联结、安装就位、调整、固定及单体调试
y50303035	硫铵工段阀类设备	1. 名称 2. 规格 3. 型号 4. 安装高度			
y50303036	硫铵工段硫铵离心机	1. 名称 2. 规格 3. 型号 4. 材质			开箱清点、场内运输、外观检查、设备清洗、拆装检查、吊装、联结、安装就位、调整、固定、水压试验及单体调试
y50303037	硫铵工段流化床干燥机				
y50303038	硫铵工段风机、电机、过滤器、分离器、混合器				
y50303039	称量推包装置及自动缝袋机				
y50303040	硫铵工段硫铵贮斗				
y50303041	硫铵工段小车				
y50303042	硫铵工段输送机	1. 名称 2. 型号 3. 输送长度、宽度			本体构架、托辊、头部、尾部、减速机、电动机、拉紧装置安装，皮带安装及胶接
y50303043	硫铵工段槽、罐类设备	1. 名称 2. 规格 3. 材质 4. 内部构件 5. 安装高度		按设计图示或设备装箱单提供的重量计算(不扣除容器孔洞面积)，本体材质、喷头、内件等质量分别计算	开箱清点、场内运输、外观检查、设备清洗、吊装、联结、焊缝热处理、安装就位、调整、压力试验、固定及单体调试
y50303044	硫铵工段塔类设备				

续表 E. 3. 3

项目编码	项目名称	项目特征	计量单位	工程量计算规则	工 程 内 容
y50303045	硫铵工段填料	1. 名称 2. 规格 3. 型号 4. 材质 5. 高度	t/m^3	按设计图示以理论质量或体积计算	填充
y50303046	硫铵工段辅助设备	1. 名称 2. 规格 3. 型号 4. 材质	t	按设计图示或设备装箱单提供的重量计算	开箱清点、场内运输、外观检查、设备清洗、吊装、联结、安装就位、调整、固定及单体调试
y50303047	终冷洗苯工段泵类设备	1. 名称 2. 型号 3. 规格 4. 输送介质			开箱清点、场内运输、外观检查、设备清洗、拆装检查、吊装、联结、安装就位、调整、固定及单体调试
y50303048	终冷洗苯工段阀类设备	1. 名称 2. 规格 3. 型号 4. 安装高度			
y50303049	终冷洗苯工段冷却器	1. 名称 2. 规格 3. 型号 4. 材质			开箱清点、场内运输、外观检查、设备清洗、吊装、联结、安装就位、调整、固定及单体调试
y50303050	终冷洗苯工段槽、罐类设备	1. 名称 2. 规格 3. 材质 4. 内部构件 5. 安装高度		按设计图示或设备装箱单提供的重量计算(不扣除容器孔洞面积),本体材质、喷头、内件等质量分别计算	开箱清点、场内运输、外观检查、设备清洗、吊装、联结、焊缝热处理、安装就位、调整、压力试验、固定及单体调试
y50303051	终冷洗苯工段塔类设备				
y50303052	终冷洗苯工段填料	1. 名称 2. 规格 3. 型号 4. 材质 5. 高度	t/m^3	按设计图示以理论质量或体积计算	填充
y50303053	终冷洗苯工段辅助设备	1. 名称 2. 规格 3. 型号 4. 材质	t	按设计图示或设备装箱单提供的重量计算	开箱清点、场内运输、外观检查、设备清洗、吊装、联结、安装就位、调整、固定及单体调试

续表 E.3.3

项目编码	项目名称	项目特征	计量单位	工程量计算规则	工 程 内 容
y50303054	粗苯蒸馏工段泵类设备	1. 名称 2. 型号 3. 规格 4. 压力 5. 输送介质	t	按设计图示或设备装箱单提供的重量计算	开箱清点、场内运输、外观检查、设备清洗、拆装检查、吊装、联结、安装就位、调整、固定及单体调试
y50303055	粗苯蒸馏工段阀类设备	1. 名称 2. 规格 3. 型号 4. 安装高度			
y50303056	粗苯蒸馏工段换热器	1. 名称 2. 规格 3. 型号 4. 材质			开箱清点、场内运输、外观检查、设备清洗、吊装、联结、安装就位、调整、固定及单体调试
y50303057	粗苯蒸馏工段冷却器				
y50303058	粗苯蒸馏工段加热炉				开箱清点、场内运输、外观检查、设备清洗、吊装、联结、安装就位、调整、固定及单体调试、炉体气密性试验
y50303059	粗苯蒸馏工段分离器				开箱清点、场内运输、外观检查、设备清洗、吊装、联结、安装就位、调整、固定及单体调试
y50303060	粗苯蒸馏工段再生残渣接收盘				
y50303061	粗苯蒸馏工段槽、罐类设备	1. 名称 2. 规格 3. 材质 4. 内部构件 5. 安装高度		按设计图示或设备装箱单提供的重量计算(不扣除容器孔洞面积),本体材质、喷头、内件等质量分别计算	开箱清点、场内运输、外观检查、设备清洗、吊装、联结、焊缝热处理、安装就位、调整、压力试验、固定及单体调试
y50303062	粗苯蒸馏工段塔类设备				
y50303063	粗苯蒸馏工段填料	1. 名称 2. 规格 3. 型号 4. 材质 5. 高度	t/m^3	按设计图示以理论质量或体积计算	填充
y50303064	粗苯蒸馏工段辅助设备	1. 名称 2. 规格 3. 型号 4. 材质	t	按设计图示或设备装箱单提供的重量计算	开箱清点、场内运输、外观检查、设备清洗、吊装、联结、安装就位、调整、固定及单体调试

续表 E.3.3

项目编码	项目名称	项目特征	计量单位	工程量计算规则	工 程 内 容
y50303065	精脱萘工段泵类设备	1. 名称 2. 型号 3. 规格 4. 输送介质	t	按设计图示或设备装箱单提供的重量计算	开箱清点、场内运输、外观检查、设备清洗、拆装检查、吊装、联结、安装就位、调整、固定及单体调试
y50303066	精脱萘工段阀类设备	1. 名称 2. 规格 3. 型号 4. 安装高度			
y50303067	精脱萘工段气压回水器	1. 名称 2. 规格 3. 型号 4. 材质			开箱清点、场内运输、外观检查、设备清洗、吊装、联结、安装就位、调整、固定及单体调试
y50303068	精脱萘工段槽、罐类设备	1. 名称 2. 规格 3. 材质 4. 内部构件 5. 安装高度		按设计图示或设备装箱单提供的重量计算(不扣除容器孔洞面积),本体材质、喷头、内件等质量分别计算	开箱清点、场内运输、外观检查、设备清洗、吊装、联结、焊缝热处理、安装就位、调整、压力试验、固定及单体调试
y50303069	精脱萘工段塔类设备				
y50303070	精脱萘工段填料	1. 名称 2. 规格 3. 型号 4. 材质 5. 高度	t/m^3	按设计图示以理论质量或体积计算	填充
y50303071	精脱萘工段辅助设备	1. 名称 2. 规格 3. 型号 4. 材质	t	按设计图示或设备装箱单提供的重量计算	开箱清点、场内运输、外观检查、设备清洗、吊装、联结、安装就位、调整、固定及单体调试
y50303072	酸、碱库工段泵类设备	1. 名称 2. 型号 3. 规格 4. 压力 5. 输送介质			开箱清点、场内运输、外观检查、设备清洗、拆装检查、吊装、联结、安装就位、调整、固定及单体调试
y50303073	酸、碱库工段阀类设备	1. 名称 2. 规格 3. 型号 4. 安装高度			

续表 E.3.3

项目编码	项目名称	项目特征	计量单位	工程量计算规则	工 程 内 容
y50303074	酸、碱库工段槽、罐类设备	1. 名称 2. 规格 3. 材质 4. 内部构件 5. 安装高度	t	按设计图示或设备装箱单提供的重量计算(不扣除容器孔洞面积),本体材质、喷头、内件等质量分别计算	开箱清点、场内运输、外观检查、设备清洗、吊装、联结、焊缝热处理、安装就位、调整、压力试验、固定及单体调试
y50303075	酸、碱库工段塔类设备				
y50303076	酸、碱库工段填料	1. 名称 2. 规格 3. 型号 4. 材质 5. 高度	t/m³	按设计图示以理论质量或体积计算	填充
y50303077	酸、碱库工段卸料装置	1. 名称 2. 规格 3. 型号 4. 材质	t	按设计图示或设备装箱单提供的重量计算	开箱清点、场内运输、外观检查、设备清洗、吊装、联结、安装就位、调整、固定及单体调试
y50303078	酸、碱库工段辅助设备				
y50303079	焦油、轻苯库工段泵类设备	1. 名称 2. 型号 3. 规格 4. 压力 5. 输送介质			开箱清点、场内运输、外观检查、设备清洗、拆装检查、吊装、联结、安装就位、调整、固定及单体调试
y50303080	焦油、轻苯库工段阀类设备	1. 名称 2. 规格 3. 型号 4. 安装高度			
y50303081	焦油、轻苯库工段槽类设备	1. 名称 2. 规格 3. 材质 4. 内部构件 5. 安装高度		按设计图示或设备装箱单提供的重量计算(不扣除容器孔洞面积),本体材质、喷头、内件等质量分别计算	开箱清点、场内运输、外观检查、设备清洗、吊装、联结、焊缝热处理、安装就位、调整、压力试验、固定及单体调试
y50303082	焦油、轻苯库工段辅助设备	1. 名称 2. 规格 3. 型号 4. 材质		按设计图示或设备装箱单提供的重量计算	开箱清点、场内运输、外观检查、设备清洗、拆装检查、吊装、联结、安装就位、调整、固定及单体调试
y50303083	其他工段阀类设备	1. 名称 2. 规格 3. 材质 4. 内部构件 5. 安装高度			开箱清点、场内运输、外观检查、设备清洗、吊装、联结、安装就位、调整、固定及设备本体的单体调试

续表 E.3.3

项目编码	项目名称	项目特征	计量单位	工程量计算规则	工 程 内 容
y50303084	其他工段泵类设备	1. 名称 2. 型号 3. 规格 4. 压力 5. 输送介质	t	按设计图示或设备装箱单提供的重量计算	开箱清点、场内运输、外观检查、设备清洗、吊装、联结、安装就位、调整、固定及设备本体的单体调试
y50303085	其他工段风机				
y50303086	其他工段辅助设备	1. 名称 2. 规格 3. 型号 4. 材质			
y50303087	其他工段槽、罐类设备	1. 名称 2. 规格 3. 材质 4. 内部构件 5. 安装高度		按设计图示或设备装箱单提供的重量计算(不扣除容器孔洞面积),本体材质、喷头、内件等质量分别计算	开箱清点、场内运输、外观检查、设备清洗、吊装、联结、焊缝热处理、安装就位、调整、压力试验、固定及单体调试
y50303088	其他工段塔类设备				
y50303089	其他工段填料	1. 名称 2. 规格 3. 型号 4. 材质 5. 高度	t/m³	按设计图示以理论质量或体积计算	填充
y50303090	衬里	1. 衬里厚度 2. 衬里型号	m²	按实际贴衬面积计算,不扣除人孔面积	金属面喷砂、打磨,运料、下料、削边、刷胶浆、砌衬、压实、硬度检验、火花试验等全部工程内容
y50303091	液压润滑设备	1. 规格 2. 材质 3. 油箱容积 4. 输送介质	t	按设计图示或设备装箱单提供的重量计算	开箱清点、场内运输、外观检查、设备清洗、液压、润滑站设备(含过滤器、蓄势罐、油箱、油泵、储油器、冷却器及自动控制器)、润滑点、分配阀安装至单体试车
y50303092	随设备带的液压润滑机体管道	1. 名称 2. 规格 3. 型号 4. 材质 5. 输送介质		按组成管道系统的管道、管件、阀门、法兰及支架的重量计算	开箱清点、场内运输、外观检查、管道、管道附件、支架安装、试压、吹扫、冲洗、酸洗、单体调试
y50303093	随设备带的能介机体管				

E.3.4 干熄焦锅炉及除氧给水泵房 工程量清单项目设置及工程量计算规则，应按表E.3.4的规定执行。

表E.3.4 干熄焦锅炉及除氧给水泵房(编码:y50304)

项目编码	项目名称	项目特征	计量单位	工程量计算规则	工程内容
y50304001	干熄焦锅炉(含钢炉架、汽包、省煤气、空气预热器、(炉排)及燃烧装置)	1. 型号、容量 2. 结构形式 3. 额定蒸汽压力 4. 额定蒸发量 5. 额定蒸汽温度	t	按设计图示或设备装箱单提供的重量计算	开箱清点、场内运输、外观检查、设备清洗、吊装、联结、安装就位、调整、固定锅炉酸洗、水压试验、风压试验烘炉、煮炉、蒸汽严密性试验及安全门调试
y50304002	排污膨胀器	1. 名称 2. 型号 3. 规格 4. 材质			开箱清点、场内运输、外观检查、设备清洗、吊装、联结、安装就位、调整、固定及单体调试
y50304003	消声器				
y50304004	取样冷却器				
y50304005	减温器				
y50304006	泵类设备	1. 名称 2. 型号 3. 输送介质			
y50304007	阀类设备	1. 名称 2. 型号 3. 规格 4. 连接形式			
y50304008	除氧器	1. 名称 2. 型号 3. 规格 4. 材质			
y50304009	除氧、盐水箱	1. 型号 2. 材质 3. 容积			
y50304010	加联氨装置	1. 名称 2. 型号 3. 规格 4. 材质			
y50304011	炉内加药装置				
y50304012	换热器	1. 名称 2. 型号 3. 材质			

续表 E.3.4

项目编码	项目名称	项目特征	计量单位	工程量计算规则	工 程 内 容
y50304013	辅助设备	1. 名称 2. 型号 3. 规格 4. 材质	t	按设计图示或设备装箱单提供的重量计算	开箱清点、场内运输、外观检查、设备清洗、吊装、联结、安装就位、调整、固定及单体调试
y50304014	液压润滑设备	1. 规格 2. 材质 3. 油箱容积 4. 输送介质			开箱清点、场内运输、外观检查、设备清洗、液压、润滑站设备(含过滤器、蓄势罐、油箱、油泵、储油器、冷却器及自动控制器)、润滑点、分配阀安装至单体试车
y50304015	随设备带的液压润滑机体管道	1. 名称 2. 规格 3. 型号 4. 材质 5. 输送介质		按组成管道系统的管道、管件、阀门、法兰及支架的重量计算	开箱清点、场内运输、外观检查、管道、管道附件、支架安装、试压、吹扫、冲洗、酸洗、单体调试
y50304016	随设备带的能介机体管				

E.3.5　热电站及汽轮机发电站　工程量清单项目设置及工程量计算规则,应按表 E.3.5 的规定执行。

表 E.3.5　热电站及汽轮机发电站(编码:y50305)

项目编码	项目名称	项目特征	计量单位	工程量计算规则	工 程 内 容
y50305001	热电站:燃煤、煤气链条锅炉(含钢炉架、汽包、省煤气、空气预热器、(炉排)及燃烧装置)	1. 型号、容量 2. 结构形式 3. 额定蒸汽压力 4. 额定蒸发量 5. 额定蒸汽温度	t	按设计图示或设备装箱单提供的重量计算	开箱清点、场内运输、外观检查、设备清洗、吊装、联结、安装就位、调整、固定锅炉酸洗、水压试验、风压试验烘炉、煮炉、蒸汽严密性试验及安全门调试
y50305002	热电站:横梁链条正转炉排(含电机)	1. 名称 2. 型号 3. 规格 4. 材质			开箱清点、场内运输、外观检查、设备清洗、吊装、联结、安装就位、调整、固定及单体调试
y50305003	热电站:分层给煤机(含电机)				
y50305004	热电站:气体燃烧器				
y50305005	热电站:除氧器	1. 名称 2. 型号 3. 规格 4. 除氧器能力			

续表E.3.5

项目编码	项目名称	项目特征	计量单位	工程量计算规则	工程内容
y50305006	热电站:各类介质箱	1. 名称 2. 规格 3. 容积 4. 材质	t	按设计图示或设备装箱单提供的重量计算	开箱清点、场内运输、外观检查、设备清洗、吊装、联结、安装就位、调整、固定及单体调试
y50305007	热电站:排污膨胀器				
y50305008	热电站:泵类设备	1. 名称 2. 型号 3. 流量 4. 扬程 5. 电机功率			
y50305009	热电站:磷酸盐加药装置	1. 名称 2. 型号 3. 规格 4. 材质			
y50305010	热电站:疏水扩容器				
y50305011	热电站:水热交换器				
y50305012	热电站:减压减温装置	1. 名称 2. 规格 3. 型号 4. 材质			
y50305013	热电站:取样冷却器				
y50305014	热电站:消声器				
y50305015	热电站:除渣机				
y50305016	热电站:风机（含电动机、振动测量装置、远传温度计）	1. 名称 2. 规格 3. 风量 4. 风压 5. 旋转角度 6. 电动机功率			
y50305017	热电站:高效脱硫除尘器	1. 名称 2. 型号 3. 规格 4. 材质			
y50305018	热电站:水灰收集器				
y50305019	热电站:电磁振动给料机				

续表 E. 3. 5

项目编码	项目名称	项目特征	计量单位	工程量计算规则	工 程 内 容
y50305020	热电站:胶带输送机	1. 名称 2. 型号 3. 规格 4. 材质	t	按设计图示或设备装箱单提供的重量计算	本体构架、托辊、头部、尾部、减速机、电动机、拉紧装置安装,皮带安装及胶接
y50305021	热电站:电磁除铁器				开箱清点、场内运输、外观检查、设备清洗、吊装、联结、安装就位、调整、固定及单体调试
y50305022	热电站:卸料器				
y50305023	热电站:电子皮带秤				
y50305024	热电站:煤闸板				
y50305025	汽轮机发电站:汽轮发电机组(含调速及真空系统)背压	1. 名称 2. 型号 3. 容量 4. 结构形式			开箱清点、场内运输、外观检查、设备清洗、吊装、联结、安装就位、调整、固定、水压、风压试验及空负荷试运
y50305026	汽轮机发电站:汽轮机				
y50305027	汽轮机发电站:发电机	1. 名称 2. 规格 3. 型号 4. 电机功率			
y50305028	汽轮机发电站:主汽门	1. 名称 2. 型号 3. 规格 4. 材质			开箱清点、场内运输、外观检查、设备清洗、吊装、联结、安装就位、调整、固定及单体调试
y50305029	背压电调装置				
y50305030	汽轮机发电站:电动盘车装置				
y50305031	汽轮机发电站:液压调速器、液压执行机构				
y50305032	汽轮机发电站:励磁机				
y50305033	汽轮机发电站:减压减温装置				
y50305034	疏水扩容器				
y50305035	汽轮机发电站:凝汽器				

续表 E.3.5

项目编码	项目名称	项目特征	计量单位	工程量计算规则	工程内容
y50305036	汽轮机发电站：加热器	1. 名称 2. 型号 3. 规格 4. 材质	t	按设计图示或设备装箱单提供的重量计算	开箱清点、场内运输、外观检查、设备清洗、吊装、联结、安装就位、调整、固定及单体调试
y50305037	汽轮机发电站：抽气器				
y50305038	汽轮机发电站：均压箱、疏水膨胀箱	1. 名称 2. 型号 3. 规格 4. 容量			
y50305039	泵类设备	1. 名称 2. 型号 3. 流量 4. 扬程 5. 电机功率			
y50305040	汽轮机发电站：注油器	1. 名称 2. 型号 3. 规格 4. 材质			
y50305041	汽轮机发电站：阀类设备				
y50305042	辅助设备				
y50305043	液压润滑设备	1. 规格 2. 材质 3. 油箱容积 4. 输送介质			开箱清点、场内运输、外观检查、设备清洗、液压、润滑站设备(含过滤器、蓄势罐、油箱、油泵、储油器、冷却器及自动控制器)、润滑点、分配阀安装至单体试车
y50305044	随设备带的液压润滑机体管道	1. 名称 2. 型号 3. 规格 4. 材质 5. 输送介质		按组成管道系统的管道、管件、阀门、法兰及支架的重量计算	开箱清点、场内运输、外观检查、管道、管道附件、支架安装、试压、吹扫、冲洗、酸洗、单体调试
y50305045	随设备带的能介机体管				

E.3.6　一级除盐水站　工程量清单项目设置及工程量计算规则，应按表E.3.6的规定执行。

表E.3.6　一级除盐水站(编码：y50306)

项目编码	项目名称	项目特征	计量单位	工程量计算规则	工 程 内 容
y50306001	阴、阳离子交换器	1. 名称 2. 型号 3. 规格 4. 材质	t	按设计图示或设备装箱单提供的重量计算	开箱清点、场内运输、外观检查、设备清洗、吊装、联结、安装就位、调整、固定及单体调试
y50306002	除二氧化碳器				
y50306003	鼓风机(含电机)	1. 名称 2. 型号 3. 规格 4. 压力 5. 功率			
y50306004	填料	1. 名称 2. 规格 3. 型号 4. 材质 5. 高度	t/m^3	按设计图示以理论质量或体积计算	填充
y50306005	各类介质箱	1. 名称 2. 型号 3. 规格 4. 材质 5. 容量	t	按设计图示或设备装箱单提供的重量计算	开箱清点、场内运输、外观检查、设备清洗、吊装、联结、安装就位、调整、固定及单体调试
y50306006	储罐类设备				
y50306007	泵类设备	1. 名称 2. 型号 3. 规格 4. 材质			
y50306008	吸收器				
y50306009	计量箱				
y50306010	喷射器				
y50306011	加氨装置				
y50306012	辅助设备				
y50306013	液压润滑设备	1. 规格 2. 材质 3. 油箱容积 4. 输送介质			开箱清点、场内运输、外观检查、设备清洗、液压、润滑站设备(含过滤器、蓄势罐、油箱、油泵、储油器、冷却器及自动控制器)、润滑点、分配阀安装至单体试车

续表 E.3.6

项目编码	项目名称	项目特征	计量单位	工程量计算规则	工 程 内 容
y50306014	随设备带的液压润滑机体管道	1. 名称 2. 规格 3. 型号 4. 材质 5. 输送介质	t	按组成管道系统的管道、管件、阀门、法兰及支架的重量计算	开箱清点、场内运输、外观检查、管道、管道附件、支架安装、试压、吹扫、冲洗、酸洗、单体调试
y50306015	随设备带的能介机体管				

E.3.7 除盐水站(反渗透+混床) 工程量清单项目设置及工程量计算规则,应按表 E.3.7 的规定执行。

表 E.3.7 除盐水站(反渗透+混床)(编码:y50307)

项目编码	项目名称	项目特征	计量单位	工程量计算规则	工 程 内 容
y50307001	反渗透水处理装置	1. 名称 2. 型号 3. 处理能力 4. 材质	t	按设计图示或设备装箱单提供的重量计算	开箱清点、场内运输、外观检查、设备清洗、吊装、联结、安装就位、调整、固定及单体调试
y50307002	反渗透膜组件				
y50307003	泵类设备	1. 名称 2. 型号 3. 流量 4. 扬程 5. 电机功率			
y50307004	过滤器	1. 名称 2. 型号 3. 规格 4. 材质			
y50307005	阻垢剂添加装置				
y50307006	药洗装置				
y50307007	阳、阴混合离子交换器				
y50307008	填料	1. 名称 2. 规格 3. 型号 4. 材质 5. 高度	t/m^3	按设计图示以理论质量或体积计算	填充
y50307009	箱类设备	1. 名称 2. 型号 3. 规格 4. 材质 5. 容量	t	按设计图示或设备装箱单提供的重量计算	开箱清点、场内运输、外观检查、设备清洗、吊装、联结、安装就位、调整、固定及单体调试

续表 E.3.7

项目编码	项目名称	项目特征	计量单位	工程量计算规则	工 程 内 容
y50307010	树脂捕捉器	1. 名称 2. 型号 3. 规格 4. 材质	t	按设计图示或设备装箱单提供的重量计算	开箱清点、场内运输、外观检查、设备清洗、吊装、联结、安装就位、调整、固定及单体调试
y50307011	等离子体改性强化汽水换热器				
y50307012	酸雾吸收器				
y50307013	酸、碱喷射器				
y50307014	加氨装置				
y50307015	辅助设备				
y50307016	液压润滑设备	1. 规格 2. 材质 3. 油箱容积 4. 输送介质			开箱清点、场内运输、外观检查、设备清洗、液压、润滑站设备(含过滤器、蓄势罐、油箱、油泵、储油器、冷却器及自动控制器)、润滑点、分配阀安装至单体试车
y50307017	随设备带的液压润滑机体管道	1. 名称 2. 规格 3. 型号 4. 材质 5. 输送介质		按组成管道系统的管道、管件、阀门、法兰及支架的重量计算	开箱清点、场内运输、外观检查、管道、管道附件、支架安装、试压、吹扫、冲洗、酸洗、单体调试
y50307018	随设备带的能介机体管				

E.3.8 软水站 工程量清单项目设置及工程量计算规则,应按表 E.3.8 的规定执行。

表 E.3.8 软水站(编码:y50308)

项目编码	项目名称	项目特征	计量单位	工程量计算规则	工 程 内 容
y50308001	无顶压逆流再生(氢离子、钠离子)交换器	1. 名称 2. 规格 3. 型号 4. 材质	t	按设计图示或设备装箱单提供的重量计算	开箱清点、场内运输、外观检查、设备清洗、吊装、联结、安装就位、调整、固定及单体调试
y50308002	鼓风机(含电机)	1. 名称 2. 型号 3. 规格 4. 压力 5. 功率			

续表 E.3.8

<table>
<tr><th>项目编码</th><th>项目名称</th><th>项目特征</th><th>计量单位</th><th>工程量计算规则</th><th>工 程 内 容</th></tr>
<tr><td>y50308003</td><td>填料</td><td>1. 名称
2. 规格
3. 型号
4. 材质
5. 高度</td><td>t/m³</td><td>按设计图示以理论质量或体积计算</td><td>填充</td></tr>
<tr><td>y50308004</td><td>各类介质箱</td><td>1. 名称
2. 型号
3. 规格
4. 材质
5. 容量</td><td rowspan="9">t</td><td rowspan="9">按设计图示或设备装箱单提供的重量计算</td><td rowspan="8">开箱清点、场内运输、外观检查、设备清洗、吊装、联结、安装就位、调整、固定及单体调试</td></tr>
<tr><td>y50308005</td><td>泵类设备</td><td>1. 名称
2. 型号
3. 流量
4. 扬程
5. 电机功率</td></tr>
<tr><td>y50308006</td><td>玻璃钢盐液制备槽、盐酸储罐</td><td rowspan="2">1. 名称
2. 型号
3. 规格
4. 材质
5. 容量</td></tr>
<tr><td>y50308007</td><td>石灰筐</td></tr>
<tr><td>y50308008</td><td>酸喷射器</td><td rowspan="4">1. 名称
2. 型号
3. 规格
4. 材质</td></tr>
<tr><td>y50308009</td><td>酸雾吸收器</td></tr>
<tr><td>y50308010</td><td>滤盐器</td></tr>
<tr><td>y50308011</td><td>辅助设备</td></tr>
<tr><td>y50308012</td><td>液压润滑设备</td><td>1. 规格
2. 材质
3. 油箱容积
4. 输送介质</td><td>开箱清点、场内运输、外观检查、设备清洗、液压、润滑站设备(含过滤器、蓄势罐、油箱、油泵、储油器、冷却器及自动控制器)、润滑点、分配阀安装至单体试车</td></tr>
</table>

续表 E. 3. 8

项目编码	项目名称	项目特征	计量单位	工程量计算规则	工 程 内 容
y50308013	随设备带的液压润滑机体管道	1. 名称 2. 规格 3. 型号 4. 材质 5. 输送介质	t	按组成管道系统的管道、管件、阀门、法兰及支架的重量计算	开箱清点、场内运输、外观检查、管道、管道附件、支架安装、试压、吹扫、冲洗、酸洗、单体调试
y50308014	随设备带的能介机体管				

E. 3. 9　锅炉房　工程量清单项目设置及工程量计算规则，应按表 E. 3. 9 的规定执行。

表 E. 3. 9　锅炉房(编码:y50309)

项目编码	项目名称	项目特征	计量单位	工程量计算规则	工 程 内 容
y50309001	锅炉	1. 名称 2. 型号 3. 容量 4. 结构形式 5. 额定蒸汽压力 6. 额定蒸发量 7. 额定蒸汽温度 8. 安装条件	t	按设计图示或设备装箱单提供的重量计算	开箱清点、场内运输、外观检查、设备清洗、吊装、联结、安装就位、调整、固定锅炉酸洗、水压试验、风压试验烘炉、煮炉、蒸汽严密性试验及安全门调试
y50309002	减速箱(含电机)	1. 名称 2. 型号 3. 功率			开箱清点、场内运输、外观检查、设备清洗、吊装、联结、安装就位、调整、固定及单体调试
y50309003	泵类设备(含电机)	1. 名称 2. 型号 3. 流量 4. 扬程 5. 电机功率			

续表 E.3.9

项目编码	项目名称	项目特征	计量单位	工程量计算规则	工 程 内 容
y50309004	闸门、闸板设备	1. 名称 2. 型号 3. 规格 4. 材质	t	按设计图示或设备装箱单提供的重量计算	开箱清点、场内运输、外观检查、设备清洗、吊装、联结、安装就位、调整、固定及单体调试
y50309005	消声器				
y50309006	鼓风机(含电机)	1. 名称 2. 型号 3. 规格 4. 压力 5. 功率			
y50309007	引风机(含电机)				
y50309008	除尘器	1. 名称 2. 型号 3. 规格 4. 材质			
y50309009	碎煤机(含电机)				
y50309010	电动滚筒(含电机)				
y50309011	除渣机(含电机)				
y50309012	电磁振动给料机(含电机)				
y50309013	燃烧器	1. 名称 2. 型号 3. 煤气压力			
y50309014	提升机(含电机)	1. 名称 2. 型号 3. 规格 4. 材质			
y50309015	胶带输送机				本体构架、托辊、头部、尾部、减速机、电动机、拉紧装置安装,皮带安装及胶接
y50309016	电子皮带秤				开箱清点、场内运输、外观检查、设备清洗、吊装、联结、安装就位、调整、固定及单体调试
y50309017	装载机	1. 名称 2. 型号 3. 铲斗容量 4. 功率			

续表 E.3.9

项目编码	项目名称	项目特征	计量单位	工程量计算规则	工 程 内 容
y50309018	煤气净化装置	1. 名称 2. 型号 3. 规格 4. 材质	t	按设计图示或设备装箱单提供的重量计算	开箱清点、场内运输、外观检查、设备清洗、吊装、联结、安装就位、调整、固定及单体调试
y50309019	除氧器				
y50309020	水箱	1. 名称 2. 型号 3. 规格 4. 材质 5. 容量			
y50309021	取样冷却器	1. 名称 2. 型号 3. 规格 4. 材质			
y50309022	排污膨胀器				
y50309023	水换热器	1. 名称 2. 型号 3. 换热面积 4. 材质			
y50309024	分汽缸	1. 名称 2. 型号 3. 规格 4. 材质			
y50309025	溢流水封				
y50309026	阻火器				
y50309027	辅助设备				
y50309028	液压润滑设备	1. 规格 2. 材质 3. 油箱容积 4. 输送介质			开箱清点、场内运输、外观检查、设备清洗、液压、润滑站设备(含过滤器、蓄势罐、油箱、油泵、储油器、冷却器及自动控制器)、润滑点、分配阀安装至单体试车
y50309029	随设备带的液压润滑机体管道	1. 名称 2. 规格 3. 型号 4. 材质 5. 输送介质		按组成管道系统的管道、管件、阀门、法兰及支架的重量计算	开箱清点、场内运输、外观检查、管道、管道附件、支架安装、试压、吹扫、冲洗、酸洗、单体调试
y50309030	随设备带的能介机体管				

E.3.10　溴化锂制冷站　工程量清单项目设置及工程量计算规则，应按表E.3.10的规定执行。

表E.3.10　溴化锂制冷站（编码：y50310）

<table>
<tr><th>项目编码</th><th>项目名称</th><th>项目特征</th><th>计量单位</th><th>工程量计算规则</th><th>工 程 内 容</th></tr>
<tr><td>y50310001</td><td>蒸汽双效溴化锂制冷机</td><td>1. 名称
2. 型号
3. 规格
4. 材质</td><td rowspan="8">t</td><td rowspan="6">按设计图示或设备装箱单提供的重量计算</td><td rowspan="5">开箱清点、场内运输、外观检查、设备清洗、吊装、联结、安装就位、调整、固定及单体调试</td></tr>
<tr><td>y50310002</td><td>泵类设备</td><td>1. 名称
2. 型号
3. 规格
4. 输送介质</td></tr>
<tr><td>y50310003</td><td>凝结水收集器</td><td rowspan="3">1. 名称
2. 型号
3. 规格
4. 材质</td></tr>
<tr><td>y50310004</td><td>分汽缸</td></tr>
<tr><td>y50310005</td><td>辅助设备</td></tr>
<tr><td>y50310006</td><td>液压润滑设备</td><td>1. 规格
2. 材质
3. 油箱容积
4. 输送介质</td><td>开箱清点、场内运输、外观检查、设备清洗、液压、润滑站设备（含过滤器、蓄势罐、油箱、油泵、储油器、冷却器及自动控制器）、润滑点、分配阀安装至单体试车</td></tr>
<tr><td>y50310007</td><td>随设备带的液压润滑机体管道</td><td rowspan="2">1. 名称
2. 规格
3. 型号
4. 材质
5. 输送介质</td><td rowspan="2">按组成管道系统的管道、管件、阀门、法兰及支架的重量计算</td><td rowspan="2">开箱清点、场内运输、外观检查、管道、管道附件、支架安装、试压、吹扫、冲洗、酸洗、单体调试</td></tr>
<tr><td>y50310008</td><td>随设备带的能介机体管</td></tr>
</table>

E.3.11　蒸汽降温减压站　工程量清单项目设置及工程量计算规则，应按表E.3.11的规定执行。

表E.3.11　蒸汽降温减压站（编码：y50311）

<table>
<tr><th>项目编码</th><th>项目名称</th><th>项目特征</th><th>计量单位</th><th>工程量计算规则</th><th>工 程 内 容</th></tr>
<tr><td>y50311001</td><td>降温减压装置</td><td rowspan="2">1. 规格
2. 型号
3. 材质
4. 工作压力</td><td rowspan="2">t</td><td rowspan="2">按设计图示或设备装箱单提供的重量计算</td><td rowspan="2">开箱清点、场内运输、外观检查、设备清洗、吊装、联结、安装就位、调整、固定及单体调试</td></tr>
<tr><td>y50311002</td><td>蒸汽干燥器</td></tr>
</table>

续表 E. 3. 11

项目编码	项目名称	项目特征	计量单位	工程量计算规则	工 程 内 容
y50311003	蒸汽冷凝水箱	1. 名称 2. 型号 3. 规格 4. 材质	t	按设计图示或设备装箱单提供的重量计算	开箱清点、场内运输、外观检查、设备清洗、吊装、联结、安装就位、调整、固定及单体调试
y50311004	泵类设备	1. 名称 2. 型号 3. 规格 4. 压力 5. 输送介质			
y50311005	阀类设备	1. 名称 2. 规格 3. 型号 4. 安装高度			
y50311006	波纹补偿器	1. 规格 2. 型号 3. 材质 4. 公称压力			
y50311007	辅助设备	1. 名称 2. 规格 3. 型号 4. 材质			
y50311008	液压润滑设备	1. 规格 2. 材质 3. 油箱容积 4. 输送介质			开箱清点、场内运输、外观检查、设备清洗、液压、润滑站设备(含过滤器、蓄势罐、油箱、油泵、储油器、冷却器及自动控制器)、润滑点、分配阀安装至单体试车

续表 E. 3. 11

项目编码	项目名称	项目特征	计量单位	工程量计算规则	工　程　内　容
y50311009	随设备带的液压润滑机体管道	1. 名称 2. 规格 3. 型号 4. 材质 5. 输送介质	t	按组成管道系统的管道、管件、阀门、法兰及支架的重量计算	开箱清点、场内运输、外观检查、管道、管道附件、支架安装、试压、吹扫、冲洗、酸洗、单体调试
y50311010	随设备带的能介机体管				

E. 3. 12　脱盐水站　工程量清单项目设置及工程量计算规则，应按表 E. 3. 12 的规定执行。

表 E. 3. 12　脱盐水站(编码：y50312)

项目编码	项目名称	项目特征	计量单位	工程量计算规则	工　程　内　容
y50312001	反渗透机组	1. 规格 2. 型号 3. 材质	t	按设计图示或设备装箱单提供的重量计算	开箱清点、场内运输、外观检查、设备清洗、吊装、联结、安装就位、调整、固定及单体调试
y50312002	泵类设备	1. 名称 2. 型号 3. 规格 4. 压力 5. 输送介质			
y50312003	阀类设备	1. 名称 2. 规格 3. 型号 4. 安装高度			
y50312004	过滤器	1. 规格 2. 型号 3. 材质			
y50312005	辅助设备				
y50312006	液压润滑设备	1. 规格 2. 材质 3. 油箱容积 4. 输送介质			开箱清点、场内运输、外观检查、设备清洗、液压、润滑站设备(含过滤器、蓄势罐、油箱、油泵、储油器、冷却器及自动控制器)、润滑点、分配阀安装至单体试车
y50312007	随设备带的液压润滑机体管道	1. 名称 2. 规格 3. 型号 4. 材质 5. 输送介质		按组成管道系统的管道、管件、阀门、法兰及支架的重量计算	开箱清点、场内运输、外观检查、管道、管道附件、支架安装、试压、吹扫、冲洗、酸洗、单体调试
y50312008	随设备带的能介机体管				

E.4 石 灰 工 程

E.4.1 原料贮运水洗机械设备 工程量清单项目设置及工程量计算规则，应按表E.4.1的规定执行。

表E.4.1 原料贮运水洗机械设备(编码：y50401)

项目编码	项目名称	项目特征	计量单位	工程量计算规则	工程内容
y50401001	垂直斗式提升机	1. 名称 2. 型号 3. 规格	t	按设计图示或设备装箱单提供的重量计算	开箱清点、场内运输、外观检查、设备清洗、吊装、联结、安装就位、调整、固定及设备本体的单体调试
y50401002	液压润滑设备	1. 规格 2. 材质 3. 油箱容积 4. 输送介质			开箱清点、场内运输、外观检查、设备清洗、润滑站设备(含储油箱、油泵、冷却器及自动控制器)、润滑点、分配阀安装至单体试车
y50401003	随设备带的液压润滑机体管道	1. 名称 2. 规格 3. 型号 4. 材质 5. 输送介质		按组成管道系统的管道、管件、阀门、法兰及支架的重量计算	开箱清点、场内运输、外观检查、管道、管道附件、支架安装、试压、吹扫、冲洗、酸洗、单体调试
y50401004	随设备带的能介机体管				

E.4.2 预热焙烧冷却燃气设施 工程量清单项目设置及工程量计算规则，应按表E.4.2的规定执行。

表E.4.2 预热焙烧冷却燃气设施(编码：y50402)

项目编码	项目名称	项目特征	计量单位	工程量计算规则	工程内容
y50402001	链算预热机	1. 名称 2. 型号 3. 规格	t	按设计图示或设备装箱单提供的重量计算	开箱清点、场内运输、外观检查、设备清洗、吊装、联结、安装就位、调整、固定及设备本体的单体调试
y50402002	管式冷却器				
y50402003	推动算式冷却机				

续表 E.4.2

项目编码	项目名称	项目特征	计量单位	工程量计算规则	工 程 内 容
y50402004	液压润滑设备	1. 规格 2. 材质 3. 油箱容积 4. 输送介质	t	按设计图示或设备装箱单提供的重量计算	开箱清点、场内运输、外观检查、设备清洗、润滑站设备(含储油箱、油泵、冷却器及自动控制器)、润滑点、分配阀安装至单体试车
y50402005	随设备带的液压润滑机体管道	1. 名称 2. 规格 3. 型号 4. 材质 5. 输送介质		按组成管道系统的管道、管件、阀门、法兰及支架的重量计算	开箱清点、场内运输、外观检查、管道、管道附件、支架安装、试压、吹扫、冲洗、酸洗、单体调试
y50402006	随设备带的能介机体管				

E.4.3 烟气处理设施 工程量清单项目设置及工程量计算规则,应按表 E.4.3 的规定执行。

表 E.4.3 烟气处理设施(编码:y50403)

项目编码	项目名称	项目特征	计量单位	工程量计算规则	工 程 内 容
y50403001	布袋除尘器	1. 名称 2. 型号 3. 规格	t	按设计图示或设备装箱单提供的重量计算	开箱清点、场内运输、外观检查、设备清洗、吊装、联结、安装就位、调整、固定及设备本体的单体调试
y50403002	风机				
y50403003	烟囱				
y50403004	给矿室				
y50403005	重排烟机				
y50403006	除尘过滤器				
y50403007	旋流除尘器				
y50403008	柴油机驱动煤气站			按组成管道系统的管道、管件、阀门、法兰及支架的重量计算	开箱清点、场内运输、外观检查、管道、管道附件、支架安装、试压、吹扫、冲洗、酸洗、单体调试
y50403009	烟道			按制成品“净重”计算工程量	制作、安装、除锈防腐

续表 E.4.3

项目编码	项目名称	项目特征	计量单位	工程量计算规则	工 程 内 容
y50403010	鼓风机	1. 名称 2. 型号 3. 规格	t	按设计图示或设备装箱单提供的重量计算	开箱清点、场内运输、外观检查、设备清洗、吊装、联结、安装就位、调整、固定及设备本体的单体调试
y50403011	液压润滑设备	1. 规格 2. 材质 3. 油箱容积 4. 输送介质			开箱清点、场内运输、外观检查、设备清洗、润滑站设备(含储油箱、油泵、冷却器及自动控制器)、润滑点、分配阀安装至单体试车
y50403012	随设备带的液压润滑机体管道	1. 名称 2. 规格 3. 型号 4. 材质 5. 输送介质		按组成管道系统的管道、管件、阀门、法兰及支架的重量计算	开箱清点、场内运输、外观检查、管道、管道附件、支架安装、试压、吹扫、冲洗、酸洗、单体调试
y50403013	随设备带的能介机体管				

E.4.4　焙烧系统机械设备　工程量清单项目设置及工程量计算规则,应按表E.4.4的规定执行。

表 E.4.4　焙烧系统机械设备(编码:y50404)

项目编码	项目名称	项目特征	计量单位	工程量计算规则	工 程 内 容
y50404001	回转窑	1. 名称 2. 型号 3. 规格	t	按设计图示或设备装箱单提供的重量计算	开箱清点、场内运输、外观检查、设备清洗、吊装、联结、安装就位、调整、固定及设备本体的单体调试
y50404002	窑密封				
y50404003	烟气净化设备				
y50404004	辅助运输送料系统				
y50404005	给料机				

续表 E. 4. 4

项目编码	项目名称	项目特征	计量单位	工程量计算规则	工 程 内 容
y50404006	称重设备	1. 名称 2. 型号 3. 规格	t	按设计图示或设备装箱单提供的重量计算	开箱清点、场内运输、外观检查、设备清洗、吊装、联结、安装就位、调整、固定及设备本体的单体调试
y50404007	气动配料和输送系统				
y50404008	焙烧燃烧器				
y50404009	液压润滑设备	1. 规格 2. 材质 3. 油箱容积 4. 输送介质			开箱清点、场内运输、外观检查、设备清洗、润滑站设备(含储油箱、油泵、冷却器及自动控制器)、润滑点、分配阀安装至单体试车
y50404010	随设备带的液压润滑机体管道	1. 名称 2. 规格 3. 型号 4. 材质 5. 输送介质		按组成管道系统的管道、管件、阀门、法兰及支架的重量计算	开箱清点、场内运输、外观检查、管道、管道附件、支架安装、试压、吹扫、冲洗、酸洗、单体调试
y50404011	随设备带的能介机体管				

E. 4. 5　成品贮运机械设备　工程量清单项目设置及工程量计算规则，应按表 E. 4. 5 的规定执行。

表 E. 4. 5　成品贮运机械设备(编码：y50405)

项目编码	项目名称	项目特征	计量单位	工程量计算规则	工 程 内 容
y50405001	石灰石仓	1. 名称 2. 型号 3. 规格	t	按设计图示或设备装箱单提供的重量计算	开箱清点、场内运输、外观检查、设备清洗、吊装、联结、安装就位、调整、固定及设备本体的单体调试
y50405002	动态分级机				
y50405003	皮带机				
y50405004	螺旋输送机				
y50405005	液压润滑设备	1. 规格 2. 材质 3. 油箱容积 4. 输送介质			开箱清点、场内运输、外观检查、设备清洗、润滑站设备(含储油箱、油泵、冷却器及自动控制器)、润滑点、分配阀安装至单体试车

续表 E. 4. 5

项目编码	项目名称	项目特征	计量单位	工程量计算规则	工 程 内 容
y50405006	随设备带的液压润滑机体管道	1. 名称 2. 规格 3. 型号 4. 材质 5. 输送介质	t	按组成管道系统的管道、管件、阀门、法兰及支架的重量计算	开箱清点、场内运输、外观检查、管道、管道附件、支架安装、试压、吹扫、冲洗、酸洗、单体调试
y50405007	随设备带的能介机体管				

E. 4. 6 硬石灰输送装置 工程量清单项目设置及工程量计算规则，应按表 E. 4. 6 的规定执行。

表 E. 4. 6 硬石灰输送装置(编码：y50406)

项目编码	项目名称	项目特征	计量单位	工程量计算规则	工 程 内 容
y50406001	旋流除尘器	1. 名称 2. 型号 3. 规格	t	按设计图示或设备装箱单提供的重量计算	开箱清点、场内运输、外观检查、设备清洗、吊装、联结、安装就位、调整、固定及设备本体的单体调试
y50406002	皮带秤				
y50406003	液压润滑设备	1. 规格 2. 材质 3. 油箱容积 4. 输送介质			开箱清点、场内运输、外观检查、设备清洗、润滑站设备(含储油箱、油泵、冷却器及自动控制器)、润滑点、分配阀安装至单体试车
y50406004	随设备带的液压润滑机体管道	1. 名称 2. 规格 3. 型号 4. 材质 5. 输送介质		按组成管道系统的管道、管件、阀门、法兰及支架的重量计算	开箱清点、场内运输、外观检查、管道、管道附件、支架安装、试压、吹扫、冲洗、酸洗、单体调试
y50406005	随设备带的能介机体管				

E.4.7　石灰粉制备机械设备　工程量清单项目设置及工程量计算规则，应按表E.4.7的规定执行。

表E.4.7　石灰粉制备机械设备(编码：y50407)

<table>
<tr><th>项目编码</th><th>项目名称</th><th>项目特征</th><th>计量单位</th><th>工程量计算规则</th><th>工 程 内 容</th></tr>
<tr><td>y50407001</td><td>锤式粉碎机</td><td rowspan="4">1. 名称
2. 型号
3. 规格</td><td rowspan="7">t</td><td rowspan="5">按设计图示或设备装箱单提供的重量计算</td><td rowspan="4">开箱清点、场内运输、外观检查、设备清洗、吊装、联结、安装就位、调整、固定及设备本体的单体调试</td></tr>
<tr><td>y50407002</td><td>筛分机</td></tr>
<tr><td>y50407003</td><td>冷却旋流器</td></tr>
<tr><td>y50407004</td><td>干燥器</td></tr>
<tr><td>y50407005</td><td>液压润滑设备</td><td>1. 规格
2. 材质
3. 油箱容积
4. 输送介质</td><td rowspan="3">开箱清点、场内运输、外观检查、设备清洗、润滑站设备(含储油箱、油泵、冷却器及自动控制器)、润滑点、分配阀安装至单体试车</td></tr>
<tr><td>y50407006</td><td>随设备带的液压润滑机体管道</td><td rowspan="2">1. 名称
2. 规格
3. 型号
4. 材质
5. 输送介质</td><td rowspan="2">按组成管道系统的管道、管件、阀门、法兰及支架的重量计算</td></tr>
<tr><td>y50407007</td><td>随设备带的能介机体管</td></tr>
</table>

E.4.8　其他设备　工程量清单项目设置及工程量计算规则，应按表E.4.8的规定执行。

表E.4.8　其他设备(编码：y50408)

项目编码	项目名称	项目特征	计量单位	工程量计算规则	工 程 内 容
y50408001	其他设备	1. 名称 2. 型号 3. 规格	t	按设计图示或设备装箱单提供的重量计算	开箱清点、场内运输、外观检查、设备清洗、吊装、联结、安装就位、调整、固定及设备本体的单体调试

E.5 高 炉 工 程

E.5.1 原料输送 工程量清单项目设置及工程量计算规则，应按表 E.5.1 的规定执行。

表 E.5.1 原料输送（编码：y50501）

<table>
<tr><th>项目编码</th><th>项目名称</th><th>项目特征</th><th>计量单位</th><th>工程量计算规则</th><th>工 程 内 容</th></tr>
<tr><td>y50501001</td><td>储矿槽、漏斗</td><td>1. 名称
2. 规格
3. 型号
4. 材质</td><td rowspan="7">t</td><td rowspan="7">按设计图示或设备装箱单提供的重量计算</td><td rowspan="2">开箱清点、场内运输、外观检查、设备清洗、吊装、联结、安装就位、调整、固定及设备本体的单体调试</td></tr>
<tr><td>y50501002</td><td>储矿槽振动筛</td><td>1. 名称
2. 规格
3. 型号</td></tr>
<tr><td>y50501003</td><td>储矿槽胶带输送机</td><td>1. 名称
2. 型号
3. 输送机长度、宽度</td><td>本体构架、托辊、头部、尾部、减速机、电动机、拉紧装置安装，皮带安装及胶接</td></tr>
<tr><td>y50501004</td><td>储矿槽辅助设备</td><td rowspan="3">1. 名称
2. 规格
3. 型号</td><td rowspan="3">开箱清点、场内运输、外观检查、设备清洗、吊装、联结、安装就位、调整、固定及设备本体的单体调试</td></tr>
<tr><td>y50501005</td><td>储焦槽漏斗</td></tr>
<tr><td>y50501006</td><td>储焦槽振动筛</td></tr>
<tr><td>y50501007</td><td>储焦槽胶带输送机</td><td>1. 名称
2. 型号
3. 输送机长度、宽度</td><td>本体构架、托辊、头部、尾部、减速机、电动机、拉紧装置安装，皮带安装及胶接</td></tr>
</table>

续表E. 5. 1

<table>
<tr><th>项目编码</th><th>项目名称</th><th>项目特征</th><th>计量单位</th><th>工程量计算规则</th><th>工 程 内 容</th></tr>
<tr><td>y50501008</td><td>储焦槽辅助设备</td><td rowspan="2">1. 名称
2. 规格
3. 型号</td><td rowspan="7">t</td><td rowspan="5">按设计图示或设备装箱单提供的重量计算</td><td rowspan="4">开箱清点、场内运输、外观检查、设备清洗、吊装、联结、安装就位、调整、固定及设备本体的单体调试</td></tr>
<tr><td>y50501009</td><td>中间矿槽、溜槽</td></tr>
<tr><td>y50501010</td><td>上料输送系统胶带输送机</td><td>1. 名称
2. 型号
3. 输送机长度、宽度</td></tr>
<tr><td>y50501011</td><td>上料输送系统溜槽</td><td>1. 名称
2. 规格
3. 型号</td></tr>
<tr><td>y50501012</td><td>液压润滑设备</td><td>1. 规格
2. 材质
3. 油箱容积
4. 输送介质</td><td>开箱清点、场内运输、外观检查、设备清洗、润滑站设备（含储油箱、油泵、冷却器及自动控制器）、润滑点、分配阀安装至单体试车</td></tr>
<tr><td>y50501013</td><td>随设备带的液压润滑机体管道</td><td rowspan="2">1. 名称
2. 规格
3. 型号
4. 材质
5. 输送介质</td><td rowspan="2">按组成管道系统的管道、管件、阀门、法兰及支架的重量计算</td><td rowspan="2">开箱清点、场内运输、外观检查、管道、管道附件、支架安装、试压、吹扫、冲洗、酸洗、单体调试</td></tr>
<tr><td>y50501014</td><td>随设备带的能介机体管</td></tr>
</table>

E.5.2 炉顶设备 工程量清单项目设置及工程量计算规则，应按表E.5.2的规定执行。

表E.5.2 炉顶设备(编码：y50502)

项目编码	项目名称	项目特征	计量单位	工程量计算规则	工程内容
y50502001	探尺装置	1. 名称 2. 规格 3. 型号 4. 高炉容积	t	按设计图示或设备装箱单提供的重量计算	开箱清点、场内运输、外观检查、设备清洗、吊装、联结、安装就位、调整、固定及设备本体的单体调试
y50502002	带大钟的装料设备				
y50502003	旋转布料器				
y50502004	大小钟平衡装置				
y50502005	炉顶阀类设备				
y50502006	炉顶受料漏斗				
y50502007	炉顶法兰盘				
y50502008	无料钟的装料设备				
y50502009	水冷却变速齿轮箱				
y50502010	多段波纹管装置				
y50502011	称量料罐				
y50502012	除尘罩				
y50502013	布料溜槽				
y50502014	探尺装置				
y50502015	设备拆卸装置				
y50502016	设备检修吊具				
y50502017	料罐电子秤测压头更换装置				
y50502018	料钟设备支撑结构				

续表 E.5.2

项目编码	项目名称	项目特征	计量单位	工程量计算规则	工 程 内 容
y50502019	液压润滑设备	1. 规格 2. 材质 3. 油箱容积 4. 输送介质	t	按设计图示或设备装箱单提供的重量计算	开箱清点、场内运输、外观检查、设备清洗、润滑站设备(含储油箱、油泵、冷却器及自动控制器)、润滑点、分配阀安装至单体试车
y50502020	随设备带的液压润滑机体管道	1. 名称 2. 规格 3. 型号 4. 材质 5. 输送介质		按组成管道系统的管道、管件、阀门、法兰及支架的重量计算	开箱清点、场内运输、外观检查、管道、管道附件、支架安装、试压、吹扫、冲洗、酸洗、单体调试
y50502021	随设备带的能介机体管				

E.5.3 高炉本体 工程量清单项目设置及工程量计算规则,应按表E.5.3的规定执行。

表 E.5.3 高炉本体(编码:y50503)

项目编码	项目名称	项目特征	计量单位	工程量计算规则	工 程 内 容
y50503001	电梯	1. 名称 2. 规格 3. 型号 4. 高炉容积	t	按设计图示或设备装箱单提供的重量计算	开箱清点、场内运输、外观检查、设备清洗、吊装、联结、安装就位、调整、固定及设备本体的单体调试
y50503002	高炉炉壳	1. 名称 2. 规格 3. 型号 4. 材质 5. 高炉容积			
y50503003	送风支管	1. 名称 2. 规格 3. 型号 4. 高炉容积			
y50503004	热风围管及吊挂装置				

续表 E. 5. 3

项目编码	项目名称	项目特征	计量单位	工程量计算规则	工 程 内 容
y50503005	炉喉钢砖	1. 名称 2. 规格 3. 型号 4. 高炉容积	t	按设计图示或设备装箱单提供的重量计算	开箱清点、场内运输、外观检查、设备清洗、吊装、联结、安装就位、调整、固定及设备本体的单体调试
y50503006	冷却壁				
y50503007	阀类设备				
y50503008	煤气取样机				
y50503009	点火器				
y50503010	风口大、中、小套				
y50503011	炉顶温度测定装置				
y50503012	风口更换设备				

E. 5. 4　高炉除尘系统　工程量清单项目设置及工程量计算规则，应按表 E. 5. 4 的规定执行。

表 E. 5. 4　高炉除尘系统(编码：y50504)

项目编码	项目名称	项目特征	计量单位	工程量计算规则	工 程 内 容
y50504001	阀类设备	1. 名称 2. 规格 3. 型号 4. 高炉容积	t	按设计图示或设备装箱单提供的重量计算	开箱清点、场内运输、外观检查、设备清洗、吊装、联结、安装就位、调整、固定及设备本体的单体调试
y50504002	除尘设备				
y50504003	搅拌机				

E.5.5　出铁场及风口平台　工程量清单项目设置及工程量计算规则，应按表E.5.5的规定执行。

表E.5.5　出铁场及风口平台（编码：y50505）

项目编码	项目名称	项目特征	计量单位	工程量计算规则	工程内容
y50505001	摆动流嘴及隔热板	1. 名称 2. 规格 3. 型号 4. 高炉容积	t	按设计图示或设备装箱单提供的重量计算	开箱清点、场内运输、外观检查、设备清洗、吊装、联结、安装就位、调整、固定及设备本体的单体调试
y50505002	残铁罐装置				
y50505003	残铁口开孔机				
y50505004	出铁口开口机				
y50505005	液压泥炮				
y50505006	主沟				
y50505007	主沟吊具				
y50505008	主沟烘烤罩				
y50505009	渣铁沟				
y50505010	渣铁沟沟沿及护板				
y50505011	渣铁沟沟盖				
y50505012	主沟及渣铁沟浇注模具				
y50505013	液压润滑设备	1. 规格 2. 材质 3. 油箱容积 4. 输送介质			开箱清点、场内运输、外观检查、设备清洗、润滑站设备（含储油箱、油泵、冷却器及自动控制器）、润滑点、分配阀安装至单体试车
y50505014	随设备带的液压润滑机体管道	1. 名称 2. 规格 3. 型号 4. 材质 5. 输送介质		按组成管道系统的管道、管件、阀门、法兰及支架的重量计算	开箱清点、场内运输、外观检查、管道、管道附件、支架安装、试压、吹扫、冲洗、酸洗、单体调试
y50505015	随设备带的能介机体管				

E.5.6　混铁车　工程量清单项目设置及工程量计算规则，应按表 E.5.6 的规定执行。

表 E.5.6　混铁车(编码：y50506)

项目编码	项目名称	项目特征	计量单位	工程量计算规则	工 程 内 容
y50506001	混铁车	1. 名称 2. 规格 3. 型号	t	按设计图示或设备装箱单提供的重量计算	开箱清点、场内运输、外观检查、设备清洗、吊装、联结、安装就位、调整、固定及设备本体的单体调试

E.5.7　热风炉　工程量清单项目设置及工程量计算规则，应按表 E.5.7 的规定执行。

表 E.5.7　热风炉(编码：y50507)

项目编码	项目名称	项目特征	计量单位	工程量计算规则	工 程 内 容
y50507001	热风炉炉壳工程	1. 名称 2. 规格 3. 型号 4. 高炉容积	t	按设计图示或设备装箱单提供的重量计算	开箱清点、场内运输、外观检查、设备清洗、吊装、联结、安装就位、调整、固定及设备本体的单体调试
y50507002	更换热风阀装置				
y50507003	阀类设备				
y50507004	助燃风机				
y50507005	液压润滑设备	1. 规格 2. 材质 3. 油箱容积 4. 输送介质			开箱清点、场内运输、外观检查、设备清洗、润滑站设备(含储油箱、油泵、冷却器及自动控制器)、润滑点、分配阀安装至单体试车
y50507006	随设备带的液压润滑机体管道	1. 名称 2. 规格 3. 型号 4. 材质 5. 输送介质		按组成管道系统的管道、管件、阀门、法兰及支架的重量计算	开箱清点、场内运输、外观检查、管道、管道附件、支架安装、试压、吹扫、冲洗、酸洗、单体调试
y50507007	随设备带的能介机体管				

E.5.8　水渣设施　工程量清单项目设置及工程量计算规则，应按表E.5.8的规定执行。

表E.5.8　水渣设施（编码：y50508）

项目编码	项目名称	项目特征	计量单位	工程量计算规则	工 程 内 容
y50508001	水渣冲制箱	1. 名称 2. 规格 3. 型号	t	按设计图示或设备装箱单提供的重量计算	开箱清点、场内运输、外观检查、设备清洗、吊装、联结、安装就位、调整、固定及设备本体的单体调试
y50508002	水渣沟				
y50508003	皮带输送机	1. 名称 2. 型号 3. 输送机长度、宽度			本体构架、托辊、头部、尾部、减速机、电动机、拉紧装置安装，皮带安装及胶接
y50508004	水渣转鼓过滤器	1. 名称 2. 规格 3. 型号			开箱清点、场内运输、外观检查、设备清洗、吊装、联结、安装就位、调整、固定及设备本体的单体调试
y50508005	水分配器				
y50508006	槽类设备				
y50508007	泵类设备				
y50508008	冷却塔风机				
y50508009	液压润滑设备	1. 规格 2. 材质 3. 油箱容积 4. 输送介质			开箱清点、场内运输、外观检查、设备清洗、润滑站设备（含储油箱、油泵、冷却器及自动控制器）、润滑点、分配阀安装至单体试车
y50508010	随设备带的液压润滑机体管道	1. 名称 2. 规格 3. 型号 4. 材质 5. 输送介质		按组成管道系统的管道、管件、阀门、法兰及支架的重量计算	开箱清点、场内运输、外观检查、管道、管道附件、支架安装、试压、吹扫、冲洗、酸洗、单体调试
y50508011	随设备带的能介机体管				

E.5.9 煤气清洗设施 工程量清单项目设置及工程量计算规则，应按表E.5.9的规定执行。

表E.5.9 煤气清洗设施(编码:y50509)

项目编码	项目名称	项目特征	计量单位	工程量计算规则	工程内容
y50509001	洗涤装置	1. 名称 2. 规格 3. 型号	t	按设计图示或设备装箱单提供的重量计算	开箱清点、场内运输、外观检查、设备清洗、吊装、联结、安装就位、调整、固定及设备本体的单体调试
y50509002	台架				
y50509003	阀类设备				
y50509004	消声器				
y50509005	液压润滑设备	1. 规格 2. 材质 3. 油箱容积 4. 输送介质			开箱清点、场内运输、外观检查、设备清洗、润滑站设备(含储油箱、油泵、冷却器及自动控制器)、润滑点、分配阀安装至单体试车
y50509006	随设备带的液压润滑机体管道	1. 名称 2. 规格 3. 型号 4. 材质 5. 输送介质		按组成管道系统的管道、管件、阀门、法兰及支架的重量计算	开箱清点、场内运输、外观检查、管道、管道附件、支架安装、试压、吹扫、冲洗、酸洗、单体调试
y50509007	随设备带的能介机体管				

E.5.10 碾泥机室 工程量清单项目设置及工程量计算规则，应按表E.5.10的规定执行。

表E.5.10 碾泥机室(编码:y50510)

项目编码	项目名称	项目特征	计量单位	工程量计算规则	工程内容
y50510001	碾泥机	1. 名称 2. 规格 3. 型号	t	按设计图示或设备装箱单提供的重量计算	开箱清点、场内运输、外观检查、设备清洗、吊装、联结、安装就位、调整、固定及设备本体的单体调试
y50510002	圆盘给料机				
y50510003	成型机				
y50510004	提升机				

E.5.11 通风除尘 工程量清单项目设置及工程量计算规则，应按表E.5.11的规定执行。

表E.5.11 通风除尘(编码：y50511)

项目编码	项目名称	项目特征	计量单位	工程量计算规则	工 程 内 容
y50511001	储灰斗	1. 名称 2. 规格 3. 型号 4. 材质	t	按设计图示或设备装箱单提供的重量计算	开箱清点、场内运输、外观检查、设备清洗、吊装、联结、安装就位、调整、固定及设备本体的单体调试
y50511002	输送设备	1. 名称 2. 规格 3. 型号			
y50511003	提升机				
y50511004	排风机				
y50511005	空气压缩机				
y50511006	液压润滑设备	1. 规格 2. 材质 3. 油箱容积 4. 输送介质			开箱清点、场内运输、外观检查、设备清洗、润滑站设备(含储油箱、油泵、冷却器及自动控制器)、润滑点、分配阀安装至单体试车
y50511007	随设备带的液压润滑机体管道	1. 名称 2. 规格 3. 型号 4. 材质 5. 输送介质		按组成管道系统的管道、管件、阀门、法兰及支架的重量计算	开箱清点、场内运输、外观检查、管道、管道附件、支架安装、试压、吹扫、冲洗、酸洗、单体调试
y50511008	随设备带的能介机体管				

E. 5. 12 综合仪表室 工程量清单项目设置及工程量计算规则，应按表 E. 5. 12 的规定执行。

表 E. 5. 12 综合仪表室(编码:y50512)

项目编码	项目名称	项目特征	计量单位	工程量计算规则	工程内容
y50512001	柴油发电机组	1. 名称 2. 规格 3. 型号	t	按设计图示或设备装箱单提供的重量计算	开箱清点、场内运输、外观检查、设备清洗、吊装、联结、安装就位、调整、固定及设备本体的单体调试

E. 5. 13 高炉鼓风 工程量清单项目设置及工程量计算规则，应按表 E. 5. 13 的规定执行。

表 E. 5. 13 高炉鼓风(编码:y50513)

项目编码	项目名称	项目特征	计量单位	工程量计算规则	工程内容
y50513001	鼓风机设备	1. 名称 2. 规格 3. 型号	t	按设计图示或设备装箱单提供的重量计算	开箱清点、场内运输、外观检查、设备清洗、吊装、联结、安装就位、调整、固定及设备本体的单体调试
y50513002	阀类设备				
y50513003	过滤器				
y50513004	混合器				
y50513005	消声器				
y50513006	冷冻机				
y50513007	泵类设备				
y50513008	冷却塔风机				
y50513009	加药间设备				

续表 E. 5. 13

项目编码	项目名称	项目特征	计量单位	工程量计算规则	工 程 内 容
y50513010	液压润滑设备	1. 规格 2. 材质 3. 油箱容积 4. 输送介质	t	按设计图示或设备装箱单提供的重量计算	开箱清点、场内运输、外观检查、设备清洗、润滑站设备(含储油箱、油泵、冷却器及自动控制器)、润滑点、分配阀安装至单体试车
y50513011	随设备带的液压润滑机体管道	1. 名称 2. 规格 3. 型号 4. 材质 5. 输送介质		按组成管道系统的管道、管件、阀门、法兰及支架的重量计算	开箱清点、场内运输、外观检查、管道、管道附件、支架安装、试压、吹扫、冲洗、酸洗、单体调试
y50513012	随设备带的能介机体管				

E. 5. 14 煤粉喷吹设施 工程量清单项目设置及工程量计算规则，应按表 E. 5. 14 的规定执行。

表 E. 5. 14 煤粉喷吹设施(编码：y50514)

项目编码	项目名称	项目特征	计量单位	工程量计算规则	工 程 内 容
y50514001	胶带输送机	1. 名称 2. 型号 3. 输送机长度、宽度	t	按设计图示或设备装箱单提供的重量计算	本体构架、托辊、头部、尾部、减速机、电动机、拉紧装置安装，皮带安装及胶接
y50514002	受料槽	1. 名称 2. 规格 3. 型号 4. 材质			开箱清点、场内运输、外观检查、设备清洗、吊装、联结、安装就位、调整、固定及设备本体的单体调试
y50514003	电磁振动给料机	1. 名称 2. 规格 3. 型号			

续表 E.5.14

项目编码	项目名称	项目特征	计量单位	工程量计算规则	工 程 内 容
y50514004	电子秤及框架	1. 名称 2. 规格 3. 型号	t	按设计图示或设备装箱单提供的重量计算	开箱清点、场内运输、外观检查、设备清洗、吊装、联结、安装就位、调整、固定及设备本体的单体调试
y50514005	磨煤机				
y50514006	给煤机				
y50514007	电动煤阀				
y50514008	空气压缩机				
y50514009	除油设备				
y50514010	脱湿设备				
y50514011	储气罐				
y50514012	消声器				
y50514013	液压润滑设备	1. 规格 2. 材质 3. 油箱容积 4. 输送介质			开箱清点、场内运输、外观检查、设备清洗、润滑站设备(含储油箱、油泵、冷却器及自动控制器)、润滑点、分配阀安装至单体试车
y50514014	随设备带的液压润滑机体管道	1. 名称 2. 规格 3. 型号 4. 材质 5. 输送介质		按组成管道系统的管道、管件、阀门、法兰及支架的重量计算	开箱清点、场内运输、外观检查、管道、管道附件、支架安装、试压、吹扫、冲洗、酸洗、单体调试
y50514015	随设备带的能介机体管				

E.5.15 沟盖修理车间 工程量清单项目设置及工程量计算规则，应按表E.5.15的规定执行。

表E.5.15 沟盖修理车间(编码：y50515)

项目编码	项目名称	项目特征	计量单位	工程量计算规则	工 程 内 容
y50515001	烘烤炉	1. 名称 2. 规格 3. 型号	t	按设计图示或设备装箱单提供的重量计算	开箱清点、场内运输、外观检查、设备清洗、吊装、联结、安装就位、调整、固定及设备本体的单体调试
y50515002	烘烤炉台车				
y50515003	电动平车				
y50515004	搅拌机				
y50515005	直吹管烘烤台				

E.5.16 余压透平发电设施 工程量清单项目设置及工程量计算规则，应按表E.5.16的规定执行。

表E.5.16 余压透平发电设施(编码：y50516)

项目编码	项目名称	项目特征	计量单位	工程量计算规则	工 程 内 容
y50516001	轴流透平机	1. 名称 2. 规格 3. 型号	t	按设计图示或设备装箱单提供的重量计算	开箱清点、场内运输、外观检查、设备清洗、吊装、联结、安装就位、调整、固定及设备本体的单体调试
y50516002	阀类设备				
y50516003	槽罐设备				
y50516004	风机				
y50516005	泵类设备				
y50516006	除雾器				
y50516007	加药装置				
y50516008	主油箱				
y50516009	伸缩器				

续表 E.5.16

项目编码	项目名称	项目特征	计量单位	工程量计算规则	工程内容
y50516010	液压润滑设备	1. 规格 2. 材质 3. 油箱容积 4. 输送介质	t	按设计图示或设备装箱单提供的重量计算	开箱清点、场内运输、外观检查、设备清洗、润滑站设备(含储油箱、油泵、冷却器及自动控制器)、润滑点、分配阀安装至单体试车
y50516011	随设备带的液压润滑机体管道	1. 名称 2. 规格 3. 型号 4. 材质 5. 输送介质	t	按组成管道系统的管道、管件、阀门、法兰及支架的重量计算	开箱清点、场内运输、外观检查、管道、管道附件、支架安装、试压、吹扫、冲洗、酸洗、单体调试
y50516012	随设备带的能介机体管				

E.5.17　其他设备　工程量清单项目设置及工程量计算规则，应按表 E.5.17 的规定执行。

表 E.5.17　其他设备(y50517)

项目编码	项目名称	项目特征	计量单位	工程量计算规则	工程内容
y50517001	其他设备	1. 名称 2. 型号 3. 规格	t	按设计图示或设备装箱单提供的重量计算	开箱清点、场内运输、外观检查、设备清洗、吊装、联结、安装就位、调整、固定及设备本体的单体调试

E.6　炼　钢　工　程

E.6.1　铁水预处理中心　工程量清单项目设置及工程量计算规则，应按表E.6.1的规定执行。

表E.6.1　铁水预处理中心(编码：y50601)

项目编码	项目名称	项目特征	计量单位	工程量计算规则	工 程 内 容
y50601001	接收站	1. 名称 2. 规格 3. 型号	t	按设计图示或设备装箱单提供的重量计算	开箱清点、场内运输、外观检查、设备清洗、吊装、联结、安装就位、调整、固定及设备本体的单体调试
y50601002	磨样机				
y50601003	风机				
y50601004	铁水罐				
y50601005	铁水罐称量台车				
y50601006	铁水测温取样装置				
y50601007	流铁水槽及防溅罩				
y50601008	铁水罐烘烤装置				
y50601009	扒渣机				
y50601010	排灰系统输送设备				
y50601011	主引风机组				
y50601012	除尘设备				

续表 E. 6. 1

项目编码	项目名称	项目特征	计量单位	工程量计算规则	工 程 内 容
y50601013	液压润滑设备	1. 规格 2. 材质 3. 油箱容积 4. 输送介质	t	按设计图示或设备装箱单提供的重量计算	开箱清点、场内运输、外观检查、设备清洗、润滑站设备(含储油箱、油泵、冷却器及自动控制器)、润滑点、分配阀安装至单体试车
y50601014	随设备带的液压润滑机体管道	1. 名称 2. 规格 3. 型号 4. 材质 5. 输送介质	t	按组成管道系统的管道、管件、阀门、法兰及支架的重量计算	开箱清点、场内运输、外观检查、管道、管道附件、支架安装、试压、吹扫、冲洗、酸洗、单体调试
y50601015	随设备带的能介机体管				

E. 6. 2　转炉系统　工程量清单项目设置及工程量计算规则,应按表 E. 6. 2 的规定执行。

表 E. 6. 2　转炉系统(编码:y50602)

项目编码	项目名称	项目特征	计量单位	工程量计算规则	工 程 内 容
y50602001	转炉主体机械设备	1. 名称 2. 规格 3. 型号	t	按设计图示或设备装箱单提供的重量计算	开箱清点、场内运输、外观检查、设备清洗、吊装、联结、安装就位、调整、固定及设备本体的单体调试
y50602002	副枪系统设备				
y50602003	氧枪系统设备				
y50602004	氧气阀门站				
y50602005	转炉钢包吹 Ar 阀门站				
y50602006	底吹阀门站				

续表 E.6.2

项目编码	项目名称	项目特征	计量单位	工程量计算规则	工 程 内 容
y50602007	气动挡渣塞阀门站	1. 名称 2. 规格 3. 型号	t	按设计图示或设备装箱单提供的重量计算	开箱清点、场内运输、外观检查、设备清洗、吊装、联结、安装就位、调整、固定及设备本体的单体调试
y50602008	转炉全封闭钢结构				
y50602009	电梯				
y50602010	主控室防护装置				
y50602011	转炉挡火门				
y50602012	炉前挡火门水冷系统设备				
y50602013	转炉炉口二次排烟装置				
y50602014	副原料添加系统设备				
y50602015	钢水测温取样装置				
y50602016	转炉本体辅助设备				
y50602017	液压润滑设备	1. 规格 2. 材质 3. 油箱容积 4. 输送介质			开箱清点、场内运输、外观检查、设备清洗、润滑站设备(含储油箱、油泵、冷却器及自动控制器)、润滑点、分配阀安装至单体试车

续表 E. 6. 2

项目编码	项目名称	项目特征	计量单位	工程量计算规则	工 程 内 容
y50602018	随设备带的液压润滑机体管道	1. 名称 2. 规格 3. 型号 4. 材质 5. 输送介质	t	按组成管道系统的管道、管件、阀门、法兰及支架的重量计算	开箱清点、场内运输、外观检查、管道、管道附件、支架安装、试压、吹扫、冲洗、酸洗、单体调试
y50602019	随设备带的能介机体管				

E. 6. 3 氧枪修理设备 工程量清单项目设置及工程量计算规则，应按表 E. 6. 3 的规定执行。

表 E. 6. 3 氧枪修理设备(编码：y50603)

项目编码	项目名称	项目特征	计量单位	工程量计算规则	工 程 内 容
y50603001	手工钨级氩弧焊机	1. 名称 2. 规格 3. 型号	t	按设计图示或设备装箱单提供的重量计算	开箱清点、场内运输、外观检查、设备清洗、吊装、联结、安装就位、调整、固定及设备本体的单体调试
y50603002	吊车安装吊具				

E. 6. 4 修炉设施 工程量清单项目设置及工程量计算规则，应按表 E. 6. 4 的规定执行。

表 E. 6. 4 修炉设施(编码：y50604)

项目编码	项目名称	项目特征	计量单位	工程量计算规则	工 程 内 容
y50604001	多功能出钢口更换维修机	1. 名称 2. 规格 3. 型号	t	按设计图示或设备装箱单提供的重量计算	开箱清点、场内运输、外观检查、设备清洗、吊装、联结、安装就位、调整、固定及设备本体的单体调试
y50604002	补炉机				
y50604003	炉衬浸蚀检测装置				
y50604004	转炉修炉塔				
y50604005	修炉用炉口平台				

续表 E.6.4

项目编码	项目名称	项目特征	计量单位	工程量计算规则	工 程 内 容
y50604006	修炉用送砖叉车	1. 名称 2. 规格 3. 型号	t	按设计图示或设备装箱单提供的重量计算	开箱清点、场内运输、外观检查、设备清洗、吊装、联结、安装就位、调整、固定及设备本体的单体调试
y50604007	出钢口及气动挡渣塞维护台架				
y50604008	切砖机				
y50604009	修护烟道盖板				
y50604010	液压润滑设备	1. 规格 2. 材质 3. 油箱容积 4. 输送介质			开箱清点、场内运输、外观检查、设备清洗、润滑站设备(含储油箱、油泵、冷却器及自动控制器)、润滑点、分配阀安装至单体试车
y50604011	随设备带的液压润滑机体管道	1. 名称 2. 规格 3. 型号 4. 材质 5. 输送介质		按组成管道系统的管道、管件、阀门、法兰及支架的重量计算	开箱清点、场内运输、外观检查、管道、管道附件、支架安装、试压、吹扫、冲洗、酸洗、单体调试
y50604012	随设备带的能介机体管				

E.6.5 钢包修理设施 工程量清单项目设置及工程量计算规则,应按表E.6.5的规定执行。

表 E.6.5 钢包修理设施(编码:y50605)

项目编码	项目名称	项目特征	计量单位	工程量计算规则	工 程 内 容
y50605001	泥浆搅拌机	1. 名称 2. 规格 3. 型号	t	按设计图示或设备装箱单提供的重量计算	开箱清点、场内运输、外观检查、设备清洗、吊装、联结、安装就位、调整、固定及设备本体的单体调试
y50605002	拆包机				

续表 E.6.5

项目编码	项目名称	项目特征	计量单位	工程量计算规则	工程内容
y50605003	钢水罐系统设备	1. 名称 2. 规格 3. 型号	t	按设计图示或设备装箱单提供的重量计算	开箱清点、场内运输、外观检查、设备清洗、吊装、联结、安装就位、调整、固定及设备本体的单体调试
y50605004	拆包座架				
y50605005	切砖机				
y50605006	渣罐装置				
y50605007	钢包修理系统				
y50605008	液压润滑设备	1. 规格 2. 材质 3. 油箱容积 4. 输送介质			开箱清点、场内运输、外观检查、设备清洗、润滑站设备(含储油箱、油泵、冷却器及自动控制器)、润滑点、分配阀安装至单体试车
y50605009	随设备带的液压润滑机体管道	1. 名称 2. 规格 3. 型号 4. 材质 5. 输送介质		按组成管道系统的管道、管件、阀门、法兰及支架的重量计算	开箱清点、场内运输、外观检查、管道、管道附件、支架安装、试压、吹扫、冲洗、酸洗、单体调试
y50605010	随设备带的能介机体管				

E.6.6　炉下车辆　工程量清单项目设置及工程量计算规则,应按表 E.6.6 的规定执行。

表 E.6.6　炉下车辆(编码:y50606)

项目编码	项目名称	项目特征	计量单位	工程量计算规则	工程内容
y50606001	钢水罐运输车	1. 名称 2. 规格 3. 型号	t	按设计图示或设备装箱单提供的重量计算	开箱清点、场内运输、外观检查、设备清洗、吊装、联结、安装就位、调整、固定及设备本体的单体调试
y50606002	渣罐运输车				
y50606003	钢水过跨运输车				

E.6.7　分析检验设备　工程量清单项目设置及工程量计算规则,应按表E.6.7的规定执行。

表E.6.7　分析检验设备(编码:y50607)

项目编码	项目名称	项目特征	计量单位	工程量计算规则	工 程 内 容
y50607001	分析检验设备	1. 名称 2. 规格 3. 型号	t	按设计图示或设备装箱单提供的重量计算	开箱清点、场内运输、外观检查、设备清洗、吊装、联结、安装就位、调整、固定及设备本体的单体调试

E.6.8　RH精炼主体系统　工程量清单项目设置及工程量计算规则,应按表E.6.8的规定执行。

表E.6.8　RH精炼主体系统(编码:y50608)

项目编码	项目名称	项目特征	计量单位	工程量计算规则	工 程 内 容
y50608001	除尘输灰系统输送设备	1. 名称 2. 规格 3. 型号	t	按设计图示或设备装箱单提供的重量计算	开箱清点、场内运输、外观检查、设备清洗、吊装、联结、安装就位、调整、固定及设备本体的单体调试
y50608002	除尘设备				
y50608003	真空泵系统设备				
y50608004	泵类设备				
y50608005	冷凝器				
y50608006	气体冷却器				
y50608007	RH真空容器				
y50608008	真空容器及热弯管更换系统				
y50608009	测温取样装置				

续表 E.6.8

项目编码	项目名称	项目特征	计量单位	工程量计算规则	工 程 内 容
y50608010	氮气罐	1. 名称 2. 规格 3. 型号	t	按设计图示或设备装箱单提供的重量计算	开箱清点、场内运输、外观检查、设备清洗、吊装、联结、安装就位、调整、固定及设备本体的单体调试
y50608011	RH 吹氧装置				
y50608012	RH 煤气加热系统				
y50608013	RH 钢水罐液压升降导轨				
y50608014	备用 KTB 枪支架				
y50608015	钢水罐车事故拉出装置				
y50608016	RH 渣罐托架				
y50608017	RH 钢包车				
y50608018	真空室台车				
y50608019	浸渍管维护台车				
y50608020	钢包升降设备				
y50608021	分配器				
y50608022	汽包				
y50608023	排烟管	1. 名称 2. 规格 3. 型号 4. 材质			
y50608024	排气管				
y50608025	真空罐备用浸渍管及试验网板	1. 名称 2. 规格 3. 型号			

续表 E.6.8

项目编码	项目名称	项目特征	计量单位	工程量计算规则	工 程 内 容
y50608026	液压润滑设备	1. 规格 2. 材质 3. 油箱容积 4. 输送介质	t	按设计图示或设备装箱单提供的重量计算	开箱清点、场内运输、外观检查、设备清洗、润滑站设备(含储油箱、油泵、冷却器及自动控制器)、润滑点、分配阀安装至单体试车
y50608027	随设备带的液压润滑机体管道	1. 名称 2. 规格 3. 型号 4. 材质 5. 输送介质		按组成管道系统的管道、管件、阀门、法兰及支架的重量计算	开箱清点、场内运输、外观检查、管道、管道附件、支架安装、试压、吹扫、冲洗、酸洗、单体调试
y50608028	随设备带的能介机体管				

E.6.9 RH 铁合金投料系统 工程量清单项目设置及工程量计算规则，应按表 E.6.9 的规定执行。

表 E.6.9 RH 铁合金投料系统(编码:y50609)

项目编码	项目名称	项目特征	计量单位	工程量计算规则	工 程 内 容
y50609001	高位料仓	1. 名称 2. 规格 3. 型号 4. 材质	t	按设计图示或设备装箱单提供的重量计算	开箱清点、场内运输、外观检查、设备清洗、吊装、联结、安装就位、调整、固定及设备本体的单体调试
y50609002	振动给料器	1. 名称 2. 规格 3. 型号			
y50609003	漏斗、溜管	1. 名称 2. 规格 3. 型号 4. 材质			
y50609004	输送设备				
y50609005	辅助设备				

续表 E. 6. 9

项目编码	项目名称	项目特征	计量单位	工程量计算规则	工程内容
y50609006	液压润滑设备	1. 规格 2. 材质 3. 油箱容积 4. 输送介质	t	按设计图示或设备装箱单提供的重量计算	开箱清点、场内运输、外观检查、设备清洗、润滑站设备(含储油箱、油泵、冷却器及自动控制器)、润滑点、分配阀安装至单体试车
y50609007	随设备带的液压润滑机体管道	1. 名称 2. 规格 3. 型号 4. 材质 5. 输送介质		按组成管道系统的管道、管件、阀门、法兰及支架的重量计算	开箱清点、场内运输、外观检查、管道、管道附件、支架安装、试压、吹扫、冲洗、酸洗、单体调试
y50609008	随设备带的能介机体管				

E. 6. 10　RH 修理系统　工程量清单项目设置及工程量计算规则,应按表 E. 6. 10 的规定执行。

表 E. 6. 10　RH 修理系统(编码:y50610)

项目编码	项目名称	项目特征	计量单位	工程量计算规则	工程内容
y50610001	RH 真空干燥装置	1. 名称 2. 规格 3. 型号	t	按设计图示或设备装箱单提供的重量计算	开箱清点、场内运输、外观检查、设备清洗、吊装、联结、安装就位、调整、固定及设备本体的单体调试
y50610002	平台钢结构				
y50610003	鼓风机				
y50610004	更换小车				
y50610005	叉车				
y50610006	热弯管干燥装置				

续表 E. 6. 10

项目编码	项目名称	项目特征	计量单位	工程量计算规则	工　程　内　容
y50610007	RH浸渍管更换车卷筒支架	1. 名称 2. 规格 3. 型号	t	按设计图示或设备装箱单提供的重量计算	开箱清点、场内运输、外观检查、设备清洗、吊装、联结、安装就位、调整、固定及设备本体的单体调试
y50610008	RH浸渍管干燥箱				
y50610009	搅拌机				
y50610010	切砖机				
y50610011	RH浸渍管更换台车用渣箱				
y50610012	RH真空修砌台				

E. 6. 11　IR-Ut主体系统　工程量清单项目设置及工程量计算规则，应按表E. 6. 11的规定执行。

表 E. 6. 11　IR-Ut主体系统（编码：y50611）

项目编码	项目名称	项目特征	计量单位	工程量计算规则	工　程　内　容
y50611001	IR-Ut测温取样装置	1. 名称 2. 规格 3. 型号	t	按设计图示或设备装箱单提供的重量计算	开箱清点、场内运输、外观检查、设备清洗、吊装、联结、安装就位、调整、固定及设备本体的单体调试
y50611002	IR-Ut喷粉枪提升机构				
y50611003	IR-Ut自动换枪车				
y50611004	搅拌浸渍管提升机构				
y50611005	喷粉浸渍管提升机构				
y50611006	喷粉浸渍管夹持装置				

续表 E.6.11

项目编码	项目名称	项目特征	计量单位	工程量计算规则	工 程 内 容
y50611007	IR-Ut 氧枪装置	1. 名称 2. 规格 3. 型号	t	按设计图示或设备装箱单提供的重量计算	开箱清点、场内运输、外观检查、设备清洗、吊装、联结、安装就位、调整、固定及设备本体的单体调试
y50611008	吹氧枪提升机构				
y50611009	IR-Ut 设备给排水设备				
y50611010	IR-Ut 搅拌枪提升设备				
y50611011	探头更换机				
y50611012	IR-Ut 配料罐				
y50611013	IR-Ut 设施燃气配管系统				
y50611014	IR-Ut 钢水罐车				
y50611015	IR-Ut 钢水罐车电缆导向装置				
y50611016	储粉仓	1. 名称 2. 规格 3. 型号 4. 材质			
y50611017	IR-Ut 仓顶袋式除尘器	1. 名称 2. 规格 3. 型号			

续表 E. 6. 11

<table>
<tr><th>项目编码</th><th>项目名称</th><th>项目特征</th><th>计量单位</th><th>工程量计算规则</th><th>工 程 内 容</th></tr>
<tr><td>y50611018</td><td>料粉发送罐</td><td rowspan="2">1. 名称
2. 规格
3. 型号
4. 材质</td><td rowspan="5">t</td><td rowspan="3">按设计图示或设备装箱单提供的重量计算</td><td rowspan="2">开箱清点、场内运输、外观检查、设备清洗、吊装、联结、安装就位、调整、固定及设备本体的单体调试</td></tr>
<tr><td>y50611019</td><td>IR-Ut 喷粉罐溜罐</td></tr>
<tr><td>y50611020</td><td>液压润滑设备</td><td>1. 规格
2. 材质
3. 油箱容积
4. 输送介质</td><td>开箱清点、场内运输、外观检查、设备清洗、润滑站设备(含储油箱、油泵、冷却器及自动控制器)、润滑点、分配阀安装至单体试车</td></tr>
<tr><td>y50611021</td><td>随设备带的液压润滑机体管道</td><td rowspan="2">1. 名称
2. 规格
3. 型号
4. 材质
5. 输送介质</td><td rowspan="2">按组成管道系统的管道、管件、阀门、法兰及支架的重量计算</td><td rowspan="2">开箱清点、场内运输、外观检查、管道、管道附件、支架安装、试压、吹扫、冲洗、酸洗、单体调试</td></tr>
<tr><td>y50611022</td><td>随设备带的能介机体管</td></tr>
</table>

E. 6. 12　铁合金给料系统　工程量清单项目设置及工程量计算规则，应按表 E. 6. 12 的规定执行。

表 E. 6. 12　铁合金给料系统(编码：y50612)

项目编码	项目名称	项目特征	计量单位	工程量计算规则	工 程 内 容
y50612001	烟罩	1. 名称 2. 规格 3. 型号 4. 材质	t	按设计图示或设备装箱单提供的重量计算	开箱清点、场内运输、外观检查、设备清洗、吊装、联结、安装就位、调整、固定及设备本体的单体调试

续表 E. 6. 12

项目编码	项目名称	项目特征	计量单位	工程量计算规则	工 程 内 容
y50612002	料流分配器	1. 名称 2. 规格 3. 型号	t	按设计图示或设备装箱单提供的重量计算	开箱清点、场内运输、外观检查、设备清洗、吊装、联结、安装就位、调整、固定及设备本体的单体调试
y50612003	阀类设备				
y50612004	溜管	1. 名称 2. 规格 3. 型号 4. 材质			
y50612005	料仓、料罐				
y50612006	辅助设备				
y50612007	液压润滑设备	1. 规格 2. 材质 3. 油箱容积 4. 输送介质			开箱清点、场内运输、外观检查、设备清洗、润滑站设备(含储油箱、油泵、冷却器及自动控制器)、润滑点、分配阀安装至单体试车
y50612008	随设备带的液压润滑机体管道	1. 名称 2. 规格 3. 型号 4. 材质 5. 输送介质		按组成管道系统的管道、管件、阀门、法兰及支架的重量计算	开箱清点、场内运输、外观检查、管道、管道附件、支架安装、试压、吹扫、冲洗、酸洗、单体调试
y50612009	随设备带的能介机体管				

E.6.13　IR-Ut修理系统　工程量清单项目设置及工程量计算规则，应按表E.6.13的规定执行。

表E.6.13　IR-Ut修理系统(编码:y50613)

项目编码	项目名称	项目特征	计量单位	工程量计算规则	工程内容
y50613001	耐材搅拌机	1. 名称 2. 规格 3. 型号	t	按设计图示或设备装箱单提供的重量计算	开箱清点、场内运输、外观检查、设备清洗、吊装、联结、安装就位、调整、固定及设备本体的单体调试
y50613002	枪模				
y50613003	干燥器				
y50613004	储存架				
y50613005	浸渍管模具				
y50613006	浸渍管修理场				
y50613007	转盘				
y50613008	浸渍管运输车				
y50613009	枪制作平台				
y50613010	氧枪				
y50613011	喷枪挂钩装置				
y50613012	IR-Ut浸渍管座架吊具				

续表 E. 6. 13

项目编码	项目名称	项目特征	计量单位	工程量计算规则	工 程 内 容
y50613013	液压润滑设备	1. 规格 2. 材质 3. 油箱容积 4. 输送介质	t	按设计图示或设备装箱单提供的重量计算	开箱清点、场内运输、外观检查、设备清洗、润滑站设备（含储油箱、油泵、冷却器及自动控制器）、润滑点、分配阀安装至单体试车
y50613014	随设备带的液压润滑机体管道	1. 名称 2. 规格 3. 型号 4. 材质 5. 输送介质		按组成管道系统的管道、管件、阀门、法兰及支架的重量计算	开箱清点、场内运输、外观检查、管道、管道附件、支架安装、试压、吹扫、冲洗、酸洗、单体调试
y50613015	随设备带的能介机体管				

E. 6. 14　主控室和快速分析室设备　工程量清单项目设置及工程量计算规则，应按表 E. 6. 14 的规定执行。

表 E. 6. 14　主控室和快速分析室设备(编码:y50614)

项目编码	项目名称	项目特征	计量单位	工程量计算规则	工 程 内 容
y50614001	钻床	1. 名称 2. 规格 3. 型号	t	按设计图示或设备装箱单提供的重量计算	开箱清点、场内运输、外观检查、设备清洗、吊装、联结、安装就位、调整、固定及设备本体的单体调试
y50614002	试样切割机				
y50614003	半自动冲样机				
y50614004	磨样机				
y50614005	罐类设备	1. 名称 2. 型号 3. 规格 4. 材质			
y50614006	鼓风机设备	1. 名称 2. 规格 3. 型号			

E.6.15 余热锅炉及汽化冷却系统 工程量清单项目设置及工程量计算规则，应按表 E.6.15 的规定执行。

表 E.6.15 余热锅炉及汽化冷却系统(编码:y50615)

项目编码	项目名称	项目特征	计量单位	工程量计算规则	工程内容
y50615001	锅炉设备	1. 名称 2. 规格 3. 型号	t	按设计图示或设备装箱单提供的重量计算	开箱清点、场内运输、外观检查、设备清洗、吊装、联结、安装就位、调整、固定及设备本体的单体调试
y50615002	汽包				
y50615003	检修吊笼安装				
y50615004	裙罩提升机构				
y50615005	移动台车				
y50615006	泵类设备				
y50615007	液压润滑设备	1. 规格 2. 材质 3. 油箱容积 4. 输送介质			开箱清点、场内运输、外观检查、设备清洗、润滑站设备(含储油箱、油泵、冷却器及自动控制器)、润滑点、分配阀安装至单体试车
y50615008	随设备带的液压润滑机体管道	1. 名称 2. 规格 3. 型号 4. 材质 5. 输送介质		按组成管道系统的管道、管件、阀门、法兰及支架的重量计算	开箱清点、场内运输、外观检查、管道、管道附件、支架安装、试压、吹扫、冲洗、酸洗、单体调试
y50615009	随设备带的能介机体管				

E. 6. 16　除尘设备　工程量清单项目设置及工程量计算规则，应按表 E. 6. 16 的规定执行。

表 E. 6. 16　除尘设备(编码：y50616)

项目编码	项目名称	项目特征	计量单位	工程量计算规则	工程内容
y50616001	除尘器	1. 名称 2. 规格 3. 型号	t	按设计图示或设备装箱单提供的重量计算	开箱清点、场内运输、外观检查、设备清洗、吊装、联结、安装就位、调整、固定及设备本体的单体调试
y50616002	刮灰器				
y50616003	阀类设备				
y50616004	发送罐	1. 名称 2. 型号 3. 规格 4. 材质			
y50616005	中间灰斗				
y50616006	粉尘运输设备	1. 名称 2. 规格 3. 型号			
y50616007	风机				
y50616008	消声器				
y50616009	煤气冷却器				
y50616010	喷射装置				
y50616011	液压润滑设备	1. 规格 2. 材质 3. 油箱容积 4. 输送介质			开箱清点、场内运输、外观检查、设备清洗、润滑站设备(含储油箱、油泵、冷却器及自动控制器)、润滑点、分配阀安装至单体试车

续表 E.6.16

项目编码	项目名称	项目特征	计量单位	工程量计算规则	工 程 内 容
y50616012	随设备带的液压润滑机体管道	1. 名称 2. 规格 3. 型号 4. 材质 5. 输送介质	t	按组成管道系统的管道、管件、阀门、法兰及支架的重量计算	开箱清点、场内运输、外观检查、管道、管道附件、支架安装、试压、吹扫、冲洗、酸洗、单体调试
y50616013	随设备带的能介机体管				

E.6.17 粉尘热压块系统 工程量清单项目设置及工程量计算规则，应按表 E.6.17 的规定执行。

表 E.6.17 粉尘热压块系统(编码:y50617)

项目编码	项目名称	项目特征	计量单位	工程量计算规则	工 程 内 容
y50617001	粉尘仓顶除尘器	1. 名称 2. 规格 3. 型号	t	按设计图示或设备装箱单提供的重量计算	开箱清点、场内运输、外观检查、设备清洗、吊装、联结、安装就位、调整、固定及设备本体的单体调试
y50617002	运输设备				
y50617003	回转窑				
y50617004	回转窑燃烧装置				
y50617005	压块机				
y50617006	称量溜槽	1. 名称 2. 型号 3. 规格 4. 材质			
y50617007	粉尘储仓				
y50617008	成品块储仓				
y50617009	粉尘松动装置环管				
y50617010	燃烧装置管道				

续表 E. 6. 17

项目编码	项目名称	项目特征	计量单位	工程量计算规则	工 程 内 容
y50617011	风机	1. 名称 2. 规格 3. 型号	t	按设计图示或设备装箱单提供的重量计算	开箱清点、场内运输、外观检查、设备清洗、吊装、联结、安装就位、调整、固定及设备本体的单体调试
y50617012	液压润滑设备	1. 规格 2. 材质 3. 油箱容积 4. 输送介质			开箱清点、场内运输、外观检查、设备清洗、润滑站设备(含储油箱、油泵、冷却器及自动控制器)、润滑点、分配阀安装至单体试车
y50617013	随设备带的液压润滑机体管道	1. 名称 2. 规格 3. 型号 4. 材质 5. 输送介质		按组成管道系统的管道、管件、阀门、法兰及支架的重量计算	开箱清点、场内运输、外观检查、管道、管道附件、支架安装、试压、吹扫、冲洗、酸洗、单体调试
y50617014	随设备带的能介机体管				

E. 6. 18　转炉渣处理设施　工程量清单项目设置及工程量计算规则，应按表 E. 6. 18 的规定执行。

表 E. 6. 18　转炉渣处理设施(编码:y50618)

项目编码	项目名称	项目特征	计量单位	工程量计算规则	工 程 内 容
y50618001	履带式铲车	1. 名称 2. 规格 3. 型号	t	按设计图示或设备装箱单提供的重量计算	开箱清点、场内运输、外观检查、设备清洗、吊装、联结、安装就位、调整、固定及设备本体的单体调试
y50618002	排渣台车				
y50618003	风机				

E.6.19　副原料加料系统　工程量清单项目设置及工程量计算规则，应按表E.6.19的规定执行。

表E.6.19　副原料加料系统（编码：y50619）

<table>
<tr><th>项目编码</th><th>项目名称</th><th>项目特征</th><th>计量单位</th><th>工程量计算规则</th><th>工 程 内 容</th></tr>
<tr><td>y50619001</td><td>闸门</td><td rowspan="2">1. 名称
2. 规格
3. 型号</td><td rowspan="3">t</td><td rowspan="3">按设计图示或设备装箱单提供的重量计算</td><td rowspan="3">开箱清点、场内运输、外观检查、设备清洗、吊装、联结、安装就位、调整、固定及设备本体的单体调试</td></tr>
<tr><td>y50619002</td><td>给料机</td></tr>
<tr><td>y50619003</td><td>漏斗、溜槽</td><td>1. 名称
2. 型号
3. 规格
4. 材质</td></tr>
</table>

E.6.20　铁合金加料系统　工程量清单项目设置及工程量计算规则，应按表E.6.20的规定执行。

表E.6.20　铁合金加料系统（编码：y50620）

<table>
<tr><th>项目编码</th><th>项目名称</th><th>项目特征</th><th>计量单位</th><th>工程量计算规则</th><th>工 程 内 容</th></tr>
<tr><td>y50620001</td><td>铁合金添加设备</td><td rowspan="3">1. 名称
2. 规格
3. 型号</td><td rowspan="5">t</td><td rowspan="5">按设计图示或设备装箱单提供的重量计算</td><td rowspan="4">开箱清点、场内运输、外观检查、设备清洗、吊装、联结、安装就位、调整、固定及设备本体的单体调试</td></tr>
<tr><td>y50620002</td><td>闸门</td></tr>
<tr><td>y50620003</td><td>给料机</td></tr>
<tr><td>y50620004</td><td>漏斗、溜槽</td><td>1. 名称
2. 型号
3. 规格
4. 材质</td></tr>
<tr><td>y50620005</td><td>带式输送机</td><td>1. 名称
2. 型号
3. 输送机长度、宽度</td><td>本体构架、托辊、头部、尾部、减速机、电动机、拉紧装置安装，皮带安装及胶接</td></tr>
</table>

续表 E.6.20

项目编码	项目名称	项目特征	计量单位	工程量计算规则	工 程 内 容
y50620006	卸料斗旋转装置	1. 名称 2. 型号 3. 规格	t	按设计图示或设备装箱单提供的重量计算	开箱清点、场内运输、外观检查、设备清洗、吊装、联结、安装就位、调整、固定及设备本体的单体调试

E.6.21　其他设备　工程量清单项目设置及工程量计算规则，应按表 E.6.21 的规定执行。

表 E.6.21　其他设备(y50621)

项目编码	项目名称	项目特征	计量单位	工程量计算规则	工 程 内 容
y50621001	其他设备	1. 名称 2. 型号 3. 规格	t	按设计图示或设备装箱单提供的重量计算	开箱清点、场内运输、外观检查、设备清洗、吊装、联结、安装就位、调整、固定及设备本体的单体调试

E.7　电　炉　工　程

E.7.1　除尘设备　工程量清单项目设置及工程量计算规则，应按表 E.7.1 的规定执行。

表 E.7.1　除尘设备(编码：y50701)

项目编码	项目名称	项目特征	计量单位	工程量计算规则	工 程 内 容
y50701001	排烟罩	1. 名称 2. 规格 3. 型号	t	按设计图示或设备装箱单提供的重量计算	开箱清点、场内运输、外观检查、设备清洗、吊装、联结、安装就位、调整、固定及设备本体的单体调试
y50701002	除尘管道设备				
y50701003	水冷烟道燃烧室				

续表 E.7.1

项目编码	项目名称	项目特征	计量单位	工程量计算规则	工 程 内 容
y50701004	热交换器	1. 名称 2. 规格 3. 型号	t	按设计图示或设备装箱单提供的重量计算	开箱清点、场内运输、外观检查、设备清洗、吊装、联结、安装就位、调整、固定及设备本体的单体调试
y50701005	除尘设备				
y50701006	电炉密封罩				
y50701007	液压润滑设备	1. 规格 2. 材质 3. 油箱容积 4. 输送介质			开箱清点、场内运输、外观检查、设备清洗、润滑站设备(含储油箱、油泵、冷却器及自动控制器)、润滑点、分配阀安装至单体试车
y50701008	随设备带的液压润滑机体管道	1. 名称 2. 规格 3. 型号 4. 材质 5. 输送介质		按组成管道系统的管道、管件、阀门、法兰及支架的重量计算	开箱清点、场内运输、外观检查、管道、管道附件、支架安装、试压、吹扫、冲洗、酸洗、单体调试
y50701009	随设备带的能介机体管				

E.7.2 投料设备 工程量清单项目设置及工程量计算规则,应按表 E.7.2 的规定执行。

表 E.7.2 投料设备(编码:y50702)

项目编码	项目名称	项目特征	计量单位	工程量计算规则	工 程 内 容
y50702001	炉顶料仓	1. 名称 2. 规格 3. 型号	t	按设计图示或设备装箱单提供的重量计算	开箱清点、场内运输、外观检查、设备清洗、吊装、联结、安装就位、调整、固定及设备本体的单体调试
y50702002	振动给料器				
y50702003	称量料斗				
y50702004	称量皮带机				
y50702005	运输皮带机				
y50702006	溜槽				

续表 E.7.2

项目编码	项目名称	项目特征	计量单位	工程量计算规则	工 程 内 容
y50702007	料仓及给料器	1. 名称 2. 规格 3. 型号	t	按设计图示或设备装箱单提供的重量计算	开箱清点、场内运输、外观检查、设备清洗、吊装、联结、安装就位、调整、固定及设备本体的单体调试
y50702008	液压润滑设备	1. 规格 2. 材质 3. 油箱容积 4. 输送介质			开箱清点、场内运输、外观检查、设备清洗、润滑站设备(含储油箱、油泵、冷却器及自动控制器)、润滑点、分配阀安装至单体试车
y50702009	随设备带的液压润滑机体管道	1. 名称 2. 规格 3. 型号 4. 材质 5. 输送介质		按组成管道系统的管道、管件、阀门、法兰及支架的重量计算	开箱清点、场内运输、外观检查、管道、管道附件、支架安装、试压、吹扫、冲洗、酸洗、单体调试
y50702010	随设备带的能介机体管				

E.7.3 炉外精炼设备 工程量清单项目设置及工程量计算规则,应按表 E.7.3 的规定执行。

表 E.7.3 炉外精炼设备(编码:y50703)

项目编码	项目名称	项目特征	计量单位	工程量计算规则	工 程 内 容
y50703001	钢包炉炉盖	1. 名称 2. 规格 3. 型号	t	按设计图示或设备装箱单提供的重量计算	开箱清点、场内运输、外观检查、设备清洗、吊装、联结、安装就位、调整、固定及设备本体的单体调试
y50703002	钢包炉电极横臂				
y50703003	钢包炉电极				

续表 E.7.3

项目编码	项目名称	项目特征	计量单位	工程量计算规则	工程内容
y50703004	钢包炉顶吹氧装置	1. 名称 2. 规格 3. 型号	t	按设计图示或设备装箱单提供的重量计算	开箱清点、场内运输、外观检查、设备清洗、吊装、联结、安装就位、调整、固定及设备本体的单体调试
y50703005	钢包炉加料、检查装置				
y50703006	钢包车				
y50703007	钢包炉炉盖立柱				
y50703008	钢包炉电极立柱				
y50703009	VD炉真空炉盖				
y50703010	VD炉真空炉体				
y50703011	VD炉加料检测系统				
y50703012	VD炉喂丝机				
y50703013	液压润滑设备	1. 规格 2. 材质 3. 油箱容积 4. 输送介质			开箱清点、场内运输、外观检查、设备清洗、润滑站设备(含储油箱、油泵、冷却器及自动控制器)、润滑点、分配阀安装至单体试车
y50703014	随设备带的液压润滑机体管道	1. 名称 2. 规格 3. 型号 4. 材质 5. 输送介质		按组成管道系统的管道、管件、阀门、法兰及支架的重量计算	开箱清点、场内运输、外观检查、管道、管道附件、支架安装、试压、吹扫、冲洗、酸洗、单体调试
y50703015	随设备带的能介机体管				

E.7.4 直流电弧炉设备 工程量清单项目设置及工程量计算规则,应按表 E.7.4 的规定执行。

表 E.7.4 直流电弧炉设备(编码:y50704)

项目编码	项目名称	项目特征	计量单位	工程量计算规则	工 程 内 容
y50704001	轨座	1. 名称 2. 规格 3. 型号	t	按设计图示或设备装箱单提供的重量计算	开箱清点、场内运输、外观检查、设备清洗、吊装、联结、安装就位、调整、固定及设备本体的单体调试
y50704002	倾动装置				
y50704003	摇架平台				
y50704004	上下炉壳				
y50704005	水冷炉盖				
y50704006	炉盖提升旋转装置				
y50704007	电极提升旋转装置				
y50704008	上下电极及母排				
y50704009	电炉喷补系统及氧枪系统设备				
y50704010	出钢装置				
y50704011	渣门装置				
y50704012	灌砂装置				
y50704013	液压润滑设备	1. 规格 2. 材质 3. 油箱容积 4. 输送介质			开箱清点、场内运输、外观检查、设备清洗、润滑站设备(含储油箱、油泵、冷却器及自动控制器)、润滑点、分配阀安装至单体试车

续表 E.7.4

项目编码	项目名称	项目特征	计量单位	工程量计算规则	工程内容
y50704014	随设备带的液压润滑机体管道	1. 名称 2. 规格 3. 型号 4. 材质 5. 输送介质	t	按组成管道系统的管道、管件、阀门、法兰及支架的重量计算	开箱清点、场内运输、外观检查、管道、管道附件、支架安装、试压、吹扫、冲洗、酸洗、单体调试
y50704015	随设备带的能介机体管				

E.7.5 其他设备 工程量清单项目设置及工程量计算规则，应按表 E.7.5 的规定执行。

表 E.7.5 其他设备(编码：y50705)

项目编码	项目名称	项目特征	计量单位	工程量计算规则	工程内容
y50705001	其他设备	1. 名称 2. 型号 3. 规格	t	按设计图示或设备装箱单提供的重量计算	开箱清点、场内运输、外观检查、设备清洗、吊装、联结、安装就位、调整、固定及设备本体的单体调试

E.8 连 铸 工 程

E.8.1 浇铸设备 工程量清单项目设置及工程量计算规则，应按表 E.8.1 的规定执行。

表 E.8.1 浇铸设备(编码：y50801)

项目编码	项目名称	项目特征	计量单位	工程量计算规则	工程内容
y50801001	钢包回转台系统设备	1. 名称 2. 型号 3. 规格	t	按设计图示或设备装箱单提供的重量计算	开箱清点、场内运输、外观检查、设备清洗、吊装、联结、安装就位、调整、固定及设备本体的单体调试
y50801002	中间罐车				
y50801003	中间罐				

续表 E.8.1

项目编码	项目名称	项目特征	计量单位	工程量计算规则	工 程 内 容
y50801004	中间罐盖	1. 名称 2. 型号 3. 规格	t	按设计图示或设备装箱单提供的重量计算	开箱清点、场内运输、外观检查、设备清洗、吊装、联结、安装就位、调整、固定及设备本体的单体调试
y50801005	中间罐塞棒机构				
y50801006	中间罐预热装置				
y50801007	中间罐水口预热装置				
y50801008	中间罐滑动水口				
y50801009	渣罐				
y50801010	事故罐				
y50801011	事故盛钢桶				
y50801012	渣盘				
y50801013	溢流罐				
y50801014	操作箱回转架				
y50801015	盛钢桶盖维修台架				
y50801016	盛钢桶盖台车				
y50801017	振动液压装置维修更换架				

续表 E. 8. 1

项目编码	项目名称	项目特征	计量单位	工程量计算规则	工 程 内 容
y50801018	事故流槽	1. 名称 2. 型号 3. 规格 4. 材质	t	按设计图示或设备装箱单提供的重量计算	开箱清点、场内运输、外观检查、设备清洗、吊装、联结、安装就位、调整、固定及设备本体的单体调试
y50801019	液压润滑设备	1. 规格 2. 材质 3. 油箱容积 4. 输送介质			开箱清点、场内运输、外观检查、设备清洗、润滑站设备(含储油箱、油泵、冷却器及自动控制器)、润滑点、分配阀安装至单体试车
y50801020	随设备带的液压润滑机体管道	1. 名称 2. 规格 3. 型号 4. 材质 5. 输送介质		按组成管道系统的管道、管件、阀门、法兰及支架的重量计算	开箱清点、场内运输、外观检查、管道、管道附件、支架安装、试压、吹扫、冲洗、酸洗、单体调试
y50801021	随设备带的能介机体管				
y50801022	辅助设备				

E. 8. 2　连铸机设备　工程量清单项目设置及工程量计算规则,应按表 E. 8. 2 的规定执行。

表 E. 8. 2　连铸机设备(编码:y50802)

项目编码	项目名称	项目特征	计量单位	工程量计算规则	工 程 内 容
y50802001	结晶器	1. 名称 2. 型号 3. 规格	t	按设计图示或设备装箱单提供的重量计算	开箱清点、场内运输、外观检查、设备清洗、吊装、联结、安装就位、调整、固定及设备本体的单体调试
y50802002	结晶器振动装置				

续表 E. 8. 2

项目编码	项目名称	项目特征	计量单位	工程量计算规则	工 程 内 容
y50802003	结晶器盖	1. 名称 2. 型号 3. 规格	t	按设计图示或设备装箱单提供的重量计算	开箱清点、场内运输、外观检查、设备清洗、吊装、联结、安装就位、调整、固定及设备本体的单体调试
y50802004	结晶器调宽驱动机构				
y50802005	扇形段设备				
y50802006	扇形段支承框架				
y50802007	阀类设备				
y50802008	夹送、弯曲装置				
y50802009	辊子更换设备				
y50802010	铸流弧形导向段				
y50802011	引锭杆装置				
y50802012	扇形段更换装置				
y50802013	拉矫机				
y50802014	事故割枪				
y50802015	消声器				
y50802016	结晶器烟气排出系统				

续表 E.8.2

项目编码	项目名称	项目特征	计量单位	工程量计算规则	工 程 内 容
y50802017	二次冷却密闭室	1. 名称 2. 型号 3. 规格 4. 材质	t	按设计图示或设备装箱单提供的重量计算	开箱清点、场内运输、外观检查、设备清洗、吊装、联结、安装就位、调整、固定及设备本体的单体调试
y50802018	引锭头吊具	1. 名称 2. 型号 3. 规格			
y50802019	铸坯跟踪系统检测器				
y50802020	烟罩活动门				
y50802021	试验台装配及防护板				
y50802022	液压润滑设备	1. 规格 2. 材质 3. 油箱容积 4. 输送介质			开箱清点、场内运输、外观检查、设备清洗、润滑站设备(含储油箱、油泵、冷却器及自动控制器)、润滑点、分配阀安装至单体试车
y50802023	随设备带的液压润滑机体管道	1. 名称 2. 规格 3. 型号 4. 材质 5. 输送介质		按组成管道系统的管道、管件、阀门、法兰及支架的重量计算	开箱清点、场内运输、外观检查、管道、管道附件、支架安装、试压、吹扫、冲洗、酸洗、单体调试
y50802024	随设备带的能介机体管				

E. 8. 3　出坯系统及精整设备　工程量清单项目设置及工程量计算规则，应按表 E. 8. 3 的规定执行。

表 E. 8. 3　出坯系统及精整设备(编码：y50803)

项目编码	项目名称	项目特征	计量单位	工程量计算规则	工 程 内 容
y50803001	升降挡板	1. 名称 2. 型号 3. 规格	t	按设计图示或设备装箱单提供的重量计算	开箱清点、场内运输、外观检查、设备清洗、吊装、联结、安装就位、调整、固定及设备本体的单体调试
y50803002	固定挡板				
y50803003	移载机				
y50803004	目视检查装置				
y50803005	辊道				
y50803006	推钢机				
y50803007	堆垛机				
y50803008	辊道保温罩				
y50803009	翻坯机				
y50803010	空冷保温罩				
y50803011	板坯在线测量装置				
y50803012	除鳞装置				
y50803013	火焰切割机				
y50803014	火焰清理排烟设备				
y50803015	横移车及过跨车				

续表 E.8.3

项目编码	项目名称	项目特征	计量单位	工程量计算规则	工程内容
y50803016	切头切尾搬出装置	1. 名称 2. 型号 3. 规格	t	按设计图示或设备装箱单提供的重量计算	开箱清点、场内运输、外观检查、设备清洗、吊装、联结、安装就位、调整、固定及设备本体的单体调试
y50803017	去毛刺装置及毛刺运出装置				
y50803018	阀类设备				
y50803019	液压润滑设备	1. 规格 2. 材质 3. 油箱容积 4. 输送介质			开箱清点、场内运输、外观检查、设备清洗、润滑站设备(含储油箱、油泵、冷却器及自动控制器)、润滑点、分配阀安装至单体试车
y50803020	随设备带的液压润滑机体管道	1. 名称 2. 规格 3. 型号 4. 材质 5. 输送介质		按组成管道系统的管道、管件、阀门、法兰及支架的重量计算	开箱清点、场内运输、外观检查、管道、管道附件、支架安装、试压、吹扫、冲洗、酸洗、单体调试
y50803021	随设备带的能介机体管				
y50803022	辅助设备				

E.8.4　维修设备　工程量清单项目设置及工程量计算规则,应按表 E.8.4 的规定执行。

表 E.8.4　维修设备(编码:y50804)

项目编码	项目名称	项目特征	计量单位	工程量计算规则	工程内容
y50804001	中间罐倾翻装置	1. 名称 2. 型号 3. 规格	t	按设计图示或设备装箱单提供的重量计算	开箱清点、场内运输、外观检查、设备清洗、吊装、联结、安装就位、调整、固定及设备本体的单体调试
y50804002	中间罐倾翻除尘设备				

续表 E. 8. 4

项目编码	项目名称	项目特征	计量单位	工程量计算规则	工 程 内 容
y50804003	中间罐台架	1. 名称 2. 型号 3. 规格	t	按设计图示或设备装箱单提供的重量计算	开箱清点、场内运输、外观检查、设备清洗、吊装、联结、安装就位、调整、固定及设备本体的单体调试
y50804004	中间罐冷却罩				
y50804005	中间罐冷却热气排出装置				
y50804006	中间罐维修台用冷风装置				
y50804007	中间罐滑动水口维修设备				
y50804008	中间罐吊具				
y50804009	中间罐干燥装置				
y50804010	滑动水口翻转机				
y50804011	滑动水口拆装车				
y50804012	辊子组装台				
y50804013	结晶器和扇形段各类台架				
y50804014	结晶器和扇形段吊具				

续表 E. 8. 4

项目编码	项目名称	项目特征	计量单位	工程量计算规则	工 程 内 容
y50804015	扇形段倾翻装置	1. 名称 2. 型号 3. 规格	t	按设计图示或设备装箱单提供的重量计算	开箱清点、场内运输、外观检查、设备清洗、吊装、联结、安装就位、调整、固定及设备本体的单体调试
y50804016	液压摆式剪				
y50804017	剪刃更换装置				
y50804018	切头滑槽				
y50804019	废料清洗系统				
y50804020	废料台车及设备过跨车				
y50804021	浸入式水口托架				
y50804022	切砖机排水装置				
y50804023	喷涂机排水装置				
y50804024	耐火泥浆斗和泥浆盘				
y50804025	大型搅拌机台车				
y50804026	除尘罩车及顶冷钢装置				
y50804027	阀类设备				

续表 E. 8. 4

项目编码	项目名称	项目特征	计量单位	工程量计算规则	工 程 内 容
y50804028	液压润滑设备	1. 规格 2. 材质 3. 油箱容积 4. 输送介质	t	按设计图示或设备装箱单提供的重量计算	开箱清点、场内运输、外观检查、设备清洗、润滑站设备(含储油箱、油泵、冷却器及自动控制器)、润滑点、分配阀安装至单体试车
y50804029	随设备带的液压润滑机体管道	1. 名称 2. 规格 3. 型号 4. 材质 5. 输送介质	t	按组成管道系统的管道、管件、阀门、法兰及支架的重量计算	开箱清点、场内运输、外观检查、管道、管道附件、支架安装、试压、吹扫、冲洗、酸洗、单体调试
y50804030	随设备带的能介机体管				

E. 8. 5 动力、检化验及辊子堆焊间 工程量清单项目设置及工程量计算规则,应按表 E. 8. 5 的规定执行。

表 E. 8. 5 动力、检化验及辊子堆焊间(编码:y50805)

项目编码	项目名称	项目特征	计量单位	工程量计算规则	工 程 内 容
y50805001	检验、试验设备	1. 名称 2. 型号 3. 规格	t	按设计图示或设备装箱单提供的重量计算	开箱清点、场内运输、外观检查、设备清洗、吊装、联结、安装就位、调整、固定及设备本体的单体调试
y50805002	槽、罐类设备				
y50805003	除尘设备				

E. 8. 6 厂房内综合管线 工程量清单项目设置及工程量计算规则,应按表 E. 8. 6 的规定执行。

表 E. 8. 6 厂房内综合管线(编码:y50806)

项目编码	项目名称	项目特征	计量单位	工程量计算规则	工 程 内 容
y50806001	泵类设备	1. 名称 2. 型号 3. 规格	t	按设计图示或设备装箱单提供的重量计算	开箱清点、场内运输、外观检查、设备清洗、吊装、联结、安装就位、调整、固定及设备本体的单体调试
y50806002	阀类设备				

E.8.7　其他设备　工程量清单项目设置及工程量计算规则，应按表E.8.7的规定执行。

表E.8.7　其他设备(编码：y50807)

项目编码	项目名称	项目特征	计量单位	工程量计算规则	工程内容
y50807001	其他设备	1. 名称 2. 型号 3. 规格	t	按设计图示或设备装箱单提供的重量计算	开箱清点、场内运输、外观检查、设备清洗、吊装、联结、安装就位、调整、固定及设备本体的单体调试

E.9　初　轧　工　程

E.9.1　钢坯加热区　工程量清单项目设置及工程量计算规则，应按表E.9.1的规定执行。

表E.9.1　钢坯加热区(编码：y50901)

项目编码	项目名称	项目特征	计量单位	工程量计算规则	工程内容
y50901001	热锭车	1. 名称 2. 规格 3. 型号	t	按设计图示或设备装箱单提供的重量计算	开箱清点、场内运输、外观检查、设备清洗、吊装、联结、安装就位、调整、固定及设备本体的单体调试
y50901002	均热炉				
y50901003	运锭车				
y50901004	钢锭称量机				
y50901005	液压润滑设备	1. 规格 2. 材质 3. 油箱容积 4. 输送介质			开箱清点、场内运输、外观检查、设备清洗、润滑站设备(含储油箱、油泵、冷却器及自动控制器)、润滑点、分配阀安装至单体试车

续表 E. 9. 1

项目编码	项目名称	项目特征	计量单位	工程量计算规则	工 程 内 容
y50901006	随设备带的液压润滑机体管道	1. 名称 2. 规格 3. 型号 4. 材质 5. 输送介质	t	按组成管道系统的管道、管件、阀门、法兰及支架的重量计算	开箱清点、场内运输、外观检查、管道、管道附件、支架安装、试压、吹扫、冲洗、酸洗、单体调试
y50901007	随设备带的能介机体管				

E. 9. 2　板坯轧线　工程量清单项目设置及工程量计算规则，应按表 E. 9. 2 的规定执行。

表 E. 9. 2　板坯轧线（编码：y50902）

项目编码	项目名称	项目特征	计量单位	工程量计算规则	工 程 内 容
y50902001	初轧机	1. 名称 2. 规格 3. 型号	t	按设计图示或设备装箱单提供的重量计算	开箱清点、场内运输、外观检查、设备清洗、吊装、联结、安装就位、调整、固定及设备本体的单体调试
y50902002	热火焰清理机				
y50902003	板坯剪断机				
y50902004	钢坯称量机				
y50902005	板坯打印机				
y50902006	推钢机				
y50902007	垛板台				
y50902008	热坯台车				
y50902009	耙式吊				
y50902010	冷床				
y50902011	板坯冷却装置				
y50902012	移送机				

续表 E.9.2

项目编码	项目名称	项目特征	计量单位	工程量计算规则	工 程 内 容
y50902013	循环冷却水系统	1. 名称 2. 规格 3. 型号	t	按组成管道系统的管道、管件、阀门、法兰及支架的重量计算	包括设备、管道、管道附件、阀门、支架安装、试压、吹扫、冲洗、除锈防腐等工作内容
y50902014	排烟雾系统				
y50902015	液压润滑设备	1. 规格 2. 材质 3. 油箱容积 4. 输送介质		按设计图示或设备装箱单提供的重量计算	开箱清点、场内运输、外观检查、设备清洗、润滑站设备(含储油箱、油泵、冷却器及自动控制器)、润滑点、分配阀安装至单体试车
y50902016	随设备带的液压润滑机体管道	1. 名称 2. 规格 3. 型号 4. 材质 5. 输送介质		按组成管道系统的管道、管件、阀门、法兰及支架的重量计算	开箱清点、场内运输、外观检查、管道、管道附件、支架安装、试压、吹扫、冲洗、酸洗、单体调试
y50902017	随设备带的能介机体管				

E.9.3 方坯轧线 工程量清单项目设置及工程量计算规则,应按表 E.9.3 的规定执行。

表 E.9.3 方坯轧线(编码:y50903)

项目编码	项目名称	项目特征	计量单位	工程量计算规则	工 程 内 容
y50903001	钢坯轧机	1. 名称 2. 规格 3. 型号	t	按设计图示或设备装箱单提供的重量计算	开箱清点、场内运输、外观检查、设备清洗、吊装、联结、安装就位、调整、固定及设备本体的单体调试
y50903002	飞剪				
y50903003	集料辊道				
y50903004	钢坯剪断机				

续表 E. 9. 3

项目编码	项目名称	项目特征	计量单位	工程量计算规则	工 程 内 容
y50903005	热锯机	1. 名称 2. 规格 3. 型号	t	按设计图示或设备装箱单提供的重量计算	开箱清点、场内运输、外观检查、设备清洗、吊装、联结、安装就位、调整、固定及设备本体的单体调试
y50903006	钢坯打印机				
y50903007	推钢机				
y50903008	移送机				
y50903009	耙式吊				
y50903010	冷床				
y50903011	强制冷却装置				
y50903012	清理输送机				
y50903013	气割				
y50903014	打捆机				
y50903015	过跨车				
y50903016	管坯输送车				
y50903017	压力矫正机				
y50903018	送出滑轨				
y50903019	循环冷却水系统			按组成管道系统的设备、管道、管件、阀门、法兰及支架的重量计算	包括设备、管道、管道附件、阀门、支架安装、试压、吹扫、冲洗、除锈防腐等工作内容
y50903020	排烟雾系统				

续表 E. 9. 3

项目编码	项目名称	项目特征	计量单位	工程量计算规则	工 程 内 容
y50903021	液压润滑设备	1. 规格 2. 材质 3. 油箱容积 4. 输送介质	t	按设计图示或设备装箱单提供的重量计算	开箱清点、场内运输、外观检查、设备清洗、润滑站设备(含储油箱、油泵、冷却器及自动控制器)、润滑点、分配阀安装至单体试车
y50903022	随设备带的液压润滑机体管道	1. 名称 2. 规格 3. 型号 4. 材质 5. 输送介质		按组成管道系统的管道、管件、阀门、法兰及支架的重量计算	开箱清点、场内运输、外观检查、管道、管道附件、支架安装、试压、吹扫、冲洗、酸洗、单体调试
y50903023	随设备带的能介机体管				

E. 9. 4　检查处理区　工程量清单项目设置及工程量计算规则,应按表 E. 9. 4 的规定执行。

表 E. 9. 4　检查处理区(编码:y50904)

项目编码	项目名称	项目特征	计量单位	工程量计算规则	工 程 内 容
y50904001	抛丸	1. 名称 2. 规格 3. 型号	t	按设计图示或设备装箱单提供的重量计算	开箱清点、场内运输、外观检查、设备清洗、吊装、联结、安装就位、调整、固定及设备本体的单体调试
y50904002	磁粉探伤				
y50904003	砂轮机				
y50904004	送出滑轨				

E. 9. 5　其他设备　工程量清单项目设置及工程量计算规则,应按表 E. 9. 5 的规定执行。

表 E. 9. 5　其他设备(编码:y50905)

项目编码	项目名称	项目特征	计量单位	工程量计算规则	工 程 内 容
y50905001	其他设备	1. 名称 2. 规格 3. 型号	t	按设计图示或设备装箱单提供的重量计算	开箱清点、场内运输、外观检查、设备清洗、吊装、联结、安装就位、调整、固定及设备本体的单体调试

E.10 热 轧 工 程

E.10.1 板坯库 工程量清单项目设置及工程量计算规则，应按表 E.10.1 的规定执行。

表 E.10.1 板坯库（编码：y51001）

项目编码	项目名称	项目特征	计量单位	工程量计算规则	工 程 内 容
y51001001	输送辊道	1. 名称 2. 规格 3. 型号	t	按设计图示或设备装箱单提供的重量计算	开箱清点、场内运输、外观检查、设备清洗、吊装、联结、安装就位、调整、固定及设备本体的单体调试
y51001002	板坯移载机				
y51001003	板坯对中装置				
y51001004	毛刺渣斗输出装置				
y51001005	端头挡板	1. 材质 2. 连接方式			
y51001006	保温坑设备	1. 名称 2. 规格 3. 型号			
y51001007	板坯横移台架				
y51001008	板坯运输小车				
y51001009	板坯称重机				
y51001010	板坯提升机				
y51001011	液压润滑设备	1. 规格 2. 材质 3. 油箱容积 4. 输送介质			开箱清点、场内运输、外观检查、设备清洗、润滑站设备（含储油箱、油泵、冷却器及自动控制器）、润滑点、分配阀安装至单体试车

续表 E.10.1

项目编码	项目名称	项目特征	计量单位	工程量计算规则	工 程 内 容
y51001012	随设备带的液压润滑机体管道	1. 名称 2. 规格 3. 型号 4. 材质 5. 输送介质	t	按组成管道系统的管道、管件、阀门、法兰及支架的重量计算	开箱清点、场内运输、外观检查、管道、管道附件、支架安装、试压、吹扫、冲洗、酸洗、单体调试
y51001013	随设备带的能介机体管				

E.10.2 加热炉 工程量清单项目设置及工程量计算规则，应按表 E.10.2 的规定执行。

表 E.10.2 加热炉(编码:y51002)

项目编码	项目名称	项目特征	计量单位	工程量计算规则	工 程 内 容
y51002001	输送辊道	1. 名称 2. 规格 3. 型号	t	按设计图示或设备装箱单提供的重量计算	开箱清点、场内运输、外观检查、设备清洗、吊装、联结、安装就位、调整、固定及设备本体的单体调试
y51002002	冷板坯喷水集管及防溅罩				
y51002003	板坯装料机				
y51002004	板坯称量机				
y51002005	端头挡板	1. 材质 2. 连接方式			
y51002006	板坯抽出机	1. 名称 2. 规格 3. 型号			
y51002007	加热炉机械设备				
y51002008	加热炉炉壳	1. 名称 2. 规格 3. 型号 4. 材质			

续表 E. 10. 2

项目编码	项目名称	项目特征	计量单位	工程量计算规则	工 程 内 容
y51002009	加热炉燃烧设备	1. 名称 2. 规格 3. 型号	t	按设计图示或设备装箱单提供的重量计算	开箱清点、场内运输、外观检查、设备清洗、吊装、联结、安装就位、调整、固定及设备本体的单体调试
y51002010	空气换热器				
y51002011	均热炉机械设备				
y51002012	液压润滑设备	1. 规格 2. 材质 3. 油箱容积 4. 输送介质			开箱清点、场内运输、外观检查、设备清洗、润滑站设备(含储油箱、油泵、冷却器及自动控制器)、润滑点、分配阀安装至单体试车
y51002013	随设备带的液压润滑机体管道	1. 名称 2. 规格 3. 型号 4. 材质 5. 输送介质		按组成管道系统的管道、管件、阀门、法兰及支架的重量计算	开箱清点、场内运输、外观检查、管道、管道附件、支架安装、试压、吹扫、冲洗、酸洗、单体调试
y51002014	随设备带的能介机体管				

E. 10. 3 主轧线粗轧机机械设备 工程量清单项目设置及工程量计算规则,应按表 E. 10. 3 的规定执行。

表 E. 10. 3 主轧线粗轧机机械设备(编码:y51003)

项目编码	项目名称	项目特征	计量单位	工程量计算规则	工 程 内 容
y51003001	输送辊道	1. 名称 2. 规格 3. 型号	t	按设计图示或设备装箱单提供的重量计算	开箱清点、场内运输、外观检查、设备清洗、吊装、联结、安装就位、调整、固定及设备本体的单体调试
y51003002	高压水除鳞装置				
y51003003	定宽压力机				

续表 E.10.3

项目编码	项目名称	项目特征	计量单位	工程量计算规则	工 程 内 容
y51003004	粗轧机主体设备	1. 名称 2. 规格 3. 型号	t	按设计图示或设备装箱单提供的重量计算	开箱清点、场内运输、外观检查、设备清洗、吊装、联结、安装就位、调整、固定及设备本体的单体调试
y51003005	保温罩				
y51003006	废品推出装置				
y51003007	辊道冷却系统				
y51003008	支撑辊换辊装置				
y51003009	气动系统设备				
y51003010	液压润滑设备	1. 规格 2. 材质 3. 油箱容积 4. 输送介质			开箱清点、场内运输、外观检查、设备清洗、润滑站设备（含储油箱、油泵、冷却器及自动控制器）、润滑点、分配阀安装至单体试车
y51003011	随设备带的液压润滑机体管道	1. 名称 2. 规格 3. 型号 4. 材质 5. 输送介质		按组成管道系统的管道、管件、阀门、法兰及支架的重量计算	开箱清点、场内运输、外观检查、管道、管道附件、支架安装、试压、吹扫、冲洗、酸洗、单体调试
y51003012	随设备带的能介机体管				

E. 10. 4　主轧线精轧机机械设备　工程量清单项目设置及工程量计算规则，应按表 E. 10. 4 的规定执行。

表 E. 10. 4　主轧线精轧机机械设备（编码：y51004）

项目编码	项目名称	项目特征	计量单位	工程量计算规则	工 程 内 容
y51004001	带坯边部加热器	1. 名称 2. 规格 3. 型号	t	按设计图示或设备装箱单提供的重量计算	开箱清点、场内运输、外观检查、设备清洗、吊装、联结、安装就位、调整、固定及设备本体的单体调试
y51004002	输送辊道				
y51004003	切头剪				
y51004004	刀片更换装置				
y51004005	切头收集装置				
y51004006	精轧高压水除鳞装置				
y51004007	带钢层流冷却系统				
y51004008	精轧机主体设备				
y51004009	轧辊换辊装置				
y51004010	热矫直机				
y51004011	喷印机				
y51004012	热矫直机及冷床				
y51004013	气动系统设备				

续表 E. 10. 4

项目编码	项目名称	项目特征	计量单位	工程量计算规则	工 程 内 容
y51004014	液压润滑设备	1. 规格 2. 材质 3. 油箱容积 4. 输送介质	t	按设计图示或设备装箱单提供的重量计算	开箱清点、场内运输、外观检查、设备清洗、润滑站设备(含储油箱、油泵、冷却器及自动控制器)、润滑点、分配阀安装至单体试车
y51004015	随设备带的液压润滑机体管道	1. 名称 2. 规格 3. 型号 4. 材质 5. 输送介质		按组成管道系统的管道、管件、阀门、法兰及支架的重量计算	开箱清点、场内运输、外观检查、管道、管道附件、支架安装、试压、吹扫、冲洗、酸洗、单体调试
y51004016	随设备带的能介机体管				

E. 10. 5　卷取机械设备　工程量清单项目设置及工程量计算规则,应按表 E. 10. 5 的规定执行。

表 E. 10. 5　卷取机械设备(编码:y51005)

项目编码	项目名称	项目特征	计量单位	工程量计算规则	工 程 内 容
y51005001	输送辊道	1. 名称 2. 规格 3. 型号	t	按设计图示或设备装箱单提供的重量计算	开箱清点、场内运输、外观检查、设备清洗、吊装、联结、安装就位、调整、固定及设备本体的单体调试
y51005002	带钢冷却装置				
y51005003	卷取机				
y51005004	废料捕捉器				
y51005005	钢卷卸卷小车				
y51005006	钢卷打捆机				
y51005007	翻卷机				

续表 E.10.5

项目编码	项目名称	项目特征	计量单位	工程量计算规则	工 程 内 容
y51005008	钢卷移送小车	1. 名称 2. 规格 3. 型号	t	按设计图示或设备装箱单提供的重量计算	开箱清点、场内运输、外观检查、设备清洗、吊装、联结、安装就位、调整、固定及设备本体的单体调试
y51005009	取样剪				
y51005010	气动系统设备				
y51005011	空压站设备				
y51005012	液压润滑设备	1. 规格 2. 材质 3. 油箱容积 4. 输送介质			开箱清点、场内运输、外观检查、设备清洗、润滑站设备(含储油箱、油泵、冷却器及自动控制器)、润滑点、分配阀安装至单体试车
y51005013	随设备带的液压润滑机体管道	1. 名称 2. 规格 3. 型号 4. 材质 5. 输送介质		按组成管道系统的管道、管件、阀门、法兰及支架的重量计算	开箱清点、场内运输、外观检查、管道、管道附件、支架安装、试压、吹扫、冲洗、酸洗、单体调试
y51005014	随设备带的能介机体管				

E.10.6　钢卷运输及检查　工程量清单项目设置及工程量计算规则,应按表 E.10.6 的规定执行。

表 E.10.6　钢卷运输及检查(编码:y51006)

项目编码	项目名称	项目特征	计量单位	工程量计算规则	工 程 内 容
y51006001	钢卷运输机	1. 名称 2. 规格 3. 型号	t	按设计图示或设备装箱单提供的重量计算	开箱清点、场内运输、外观检查、设备清洗、吊装、联结、安装就位、调整、固定及设备本体的单体调试
y51006002	钢卷秤				
y51006003	钢卷升降台				

续表 E. 10. 6

项目编码	项目名称	项目特征	计量单位	工程量计算规则	工 程 内 容
y51006004	钢卷测量装置	1. 名称 2. 规格 3. 型号	t	按设计图示或设备装箱单提供的重量计算	开箱清点、场内运输、外观检查、设备清洗、吊装、联结、安装就位、调整、固定及设备本体的单体调试
y51006005	翻卷装置				
y51006006	钢卷小车				
y51006007	钢卷小车轨道系统				
y51006008	托辊站				
y51006009	切头剪				
y51006010	废料箱小车				
y51006011	钢卷检查站翻转辊道				
y51006012	打捆机				
y51006013	喷印机				
y51006014	液压润滑设备	1. 规格 2. 材质 3. 油箱容积 4. 输送介质			开箱清点、场内运输、外观检查、设备清洗、润滑站设备(含储油箱、油泵、冷却器及自动控制器)、润滑点、分配阀安装至单体试车
y51006015	随设备带的液压润滑机体管道	1. 名称 2. 规格 3. 型号 4. 材质 5. 输送介质		按组成管道系统的管道、管件、阀门、法兰及支架的重量计算	开箱清点、场内运输、外观检查、管道、管道附件、支架安装、试压、吹扫、冲洗、酸洗、单体调试
y51006016	随设备带的能介机体管				

E. 10. 7 平整机组 工程量清单项目设置及工程量计算规则,应按表 E. 10. 7 的规定执行。

表 E. 10. 7 平整机组(编码:y51007)

项目编码	项目名称	项目特征	计量单位	工程量计算规则	工 程 内 容
y51007001	钢卷运输机	1. 名称 2. 规格 3. 型号	t	按设计图示或设备装箱单提供的重量计算	开箱清点、场内运输、外观检查、设备清洗、吊装、联结、安装就位、调整、固定及设备本体的单体调试
y51007002	地辊站				
y51007003	钢卷准备用切头剪				
y51007004	压下辊				
y51007005	切头筐				
y51007006	钢卷小车				
y51007007	钢卷对中及高度定位装置				
y51007008	开卷机				
y51007009	平整机				
y51007010	磨光和抛光装置				
y51007011	深弯辊和压紧辊				
y51007012	矫直机				
y51007013	输出台				
y51007014	短头夹送辊及倾斜台				

续表 E.10.7

项目编码	项目名称	项目特征	计量单位	工程量计算规则	工 程 内 容
y51007015	横切剪	1. 名称 2. 规格 3. 型号	t	按设计图示或设备装箱单提供的重量计算	开箱清点、场内运输、外观检查、设备清洗、吊装、联结、安装就位、调整、固定及设备本体的单体调试
y51007016	切头处理装置				
y51007017	出口端的夹送辊装置				
y51007018	卷取机				
y51007019	带钢压力辊				
y51007020	助卷器				
y51007021	钢卷称量机				
y51007022	钢卷打捆机				
y51007023	液压润滑设备	1. 规格 2. 材质 3. 油箱容积 4. 输送介质			开箱清点、场内运输、外观检查、设备清洗、润滑站设备(含储油箱、油泵、冷却器及自动控制器)、润滑点、分配阀安装至单体试车
y51007024	随设备带的液压润滑机体管道	1. 名称 2. 规格 3. 型号 4. 材质 5. 输送介质		按组成管道系统的管道、管件、阀门、法兰及支架的重量计算	开箱清点、场内运输、外观检查、管道、管道附件、支架安装、试压、吹扫、冲洗、酸洗、单体调试
y51007025	随设备带的能介机体管				

E. 10. 8　纵剪机组　工程量清单项目设置及工程量计算规则，应按表 E. 10. 8 的规定执行。

表 E. 10. 8　纵剪机组(编码：y51008)

项目编码	项目名称	项目特征	计量单位	工程量计算规则	工 程 内 容
y51008001	钢卷运输设备	1. 名称 2. 规格 3. 型号	t	按设计图示或设备装箱单提供的重量计算	开箱清点、场内运输、外观检查、设备清洗、吊装、联结、安装就位、调整、固定及设备本体的单体调试
y51008002	钢卷小车				
y51008003	钢卷定位设备				
y51008004	开卷机				
y51008005	深弯辊和压紧辊				
y51008006	夹送辊				
y51008007	矫直机				
y51008008	导向台				
y51008009	横剪机				
y51008010	切头处理装置				
y51008011	纵剪机				
y51008012	转盘设施				
y51008013	碎边剪				
y51008014	碎边剪更换装置				
y51008015	碎边处理装置				
y51008016	带钢张紧装置				

续表E.10.8

项目编码	项目名称	项目特征	计量单位	工程量计算规则	工　程　内　容
y51008017	带钢导引装置	1. 名称 2. 规格 3. 型号	t	按设计图示或设备装箱单提供的重量计算	开箱清点、场内运输、外观检查、设备清洗、吊装、联结、安装就位、调整、固定及设备本体的单体调试
y51008018	卷取机				
y51008019	回转台				
y51008020	翻转机				
y51008021	打包辊道				
y51008022	钢卷对中装置				
y51008023	称量机				
y51008024	堆垛装置				
y51008025	打包设施				
y51008026	液压润滑设备	1. 规格 2. 材质 3. 油箱容积 4. 输送介质			开箱清点、场内运输、外观检查、设备清洗、润滑站设备(含储油箱、油泵、冷却器及自动控制器)、润滑点、分配阀安装至单体试车
y51008027	随设备带的液压润滑机体管道	1. 名称 2. 规格 3. 型号 4. 材质 5. 输送介质		按组成管道系统的管道、管件、阀门、法兰及支架的重量计算	开箱清点、场内运输、外观检查、管道、管道附件、支架安装、试压、吹扫、冲洗、酸洗、单体调试
y51008028	随设备带的能介机体管				

E. 10. 9　磨辊设施　工程量清单项目设置及工程量计算规则，应按表 E. 10. 9 的规定执行。

表 E. 10. 9　磨辊设施（编码：y51009）

项目编码	项目名称	项目特征	计量单位	工程量计算规则	工 程 内 容
y51009001	磨床	1. 名称 2. 规格 3. 型号	t	按设计图示或设备装箱单提供的重量计算	开箱清点、场内运输、外观检查、设备清洗、吊装、联结、安装就位、调整、固定及设备本体的单体调试
y51009002	组装、拆卸装置				
y51009003	轴承座翻转装置				
y51009004	轴承清洗装置				
y51009005	支撑辊/工作辊轴承座更换装置				
y51009006	冷却装置				
y51009007	立辊拆装台				

E. 10. 10　检验室、修理设施　工程量清单项目设置及工程量计算规则，应按表 E. 10. 10 的规定执行。

表 E. 10. 10　检验室、修理设施（编码：y51010）

项目编码	项目名称	项目特征	计量单位	工程量计算规则	工 程 内 容
y51010001	剪板机	1. 名称 2. 规格 3. 型号	t	按设计图示或设备装箱单提供的重量计算	开箱清点、场内运输、外观检查、设备清洗、吊装、联结、安装就位、调整、固定及设备本体的单体调试
y51010002	铣床				
y51010003	钻床				
y51010004	车床				
y51010005	磨床				
y51010006	锯床				
y51010007	砂轮机				
y51010008	研磨机				
y51010009	抛光机				
y51010010	试验机				

E.10.11 事故电源 工程量清单项目设置及工程量计算规则，应按表E.10.11的规定执行。

表E.10.11 事故电源(编码：y51011)

项目编码	项目名称	项目特征	计量单位	工程量计算规则	工 程 内 容
y51011001	柴油发电机	1. 名称 2. 规格 3. 型号	t	按设计图示或设备装箱单提供的重量计算	开箱清点、场内运输、外观检查、设备清洗、吊装、联结、安装就位、调整、固定及设备本体的单体调试
y51011002	冷却器				
y51011003	预热器				

E.10.12 煤气混合加压站 工程量清单项目设置及工程量计算规则，应按表E.10.12的规定执行。

表E.10.12 煤气混合加压站(编码：y51012)

项目编码	项目名称	项目特征	计量单位	工程量计算规则	工 程 内 容
y51012001	煤气电捕焦油器	1. 名称 2. 规格 3. 型号	t	按设计图示或设备装箱单提供的重量计算	开箱清点、场内运输、外观检查、设备清洗、吊装、联结、安装就位、调整、固定及设备本体的单体调试
y51012002	煤气加压机				

E.10.13 其他设备 工程量清单项目设置及工程量计算规则，应按表E.10.13的规定执行。

表E.10.13 其他设备(编码：y51013)

项目编码	项目名称	项目特征	计量单位	工程量计算规则	工 程 内 容
y51013001	其他设备	1. 名称 2. 规格 3. 型号	t	按设计图示或设备装箱单提供的重量计算	开箱清点、场内运输、外观检查、设备清洗、吊装、联结、安装就位、调整、固定及设备本体的单体调试

E.11 冷 轧 工 程

E.11.1 原料钢卷区 工程量清单项目设置及工程量计算规则,应按表E.11.1的规定执行。

表E.11.1 原料钢卷区(编码:y51101)

项目编码	项目名称	项目特征	计量单位	工程量计算规则	工程内容
y51101001	钢卷运输车	1. 名称 2. 规格 3. 型号	t	按设计图示或设备装箱单提供的重量计算	开箱清点、场内运输、外观检查、设备清洗、吊装、联结、安装就位、调整、固定及设备本体的单体调试
y51101002	鞍座	1. 胶板厚度 2. 胶板材质 3. 除锈等级 4. 漆膜厚度		按设计图示尺寸计算,不扣除切边、切脚的重量	鞍座制作、安装、运输、除锈刷油,胶板下料、安装

E.11.2 酸洗机组 工程量清单项目设置及工程量计算规则,应按表E.11.2的规定执行。

表E.11.2 酸洗机组(编码:y51102)

项目编码	项目名称	项目特征	计量单位	工程量计算规则	工程内容
y51102001	步进梁运输机	1. 名称 2. 规格 3. 型号	t	按设计图示或设备装箱单提供的重量计算	开箱清点、场内运输、外观检查、设备清洗、吊装、联结、安装就位、调整、固定及设备本体的单体调试
y51102002	钢卷车				
y51102003	开卷机				
y51102004	破鳞机				
y51102005	导板台				
y51102006	剪切机				

续表 E.11.2

项目编码	项目名称	项目特征	计量单位	工程量计算规则	工 程 内 容
y51102007	废料处理设备	1. 名称 2. 规格 3. 型号	t	按设计图示或设备装箱单提供的重量计算	开箱清点、场内运输、外观检查、设备清洗、吊装、联结、安装就位、调整、固定及设备本体的单体调试
y51102008	带钢对中装置				
y51102009	运输台架				
y51102010	夹送辊				
y51102011	钢带焊接机				
y51102012	拉矫机				
y51102013	切边机				
y51102014	焊缝检测器				
y51102015	张力辊				
y51102016	活套				
y51102017	摆动门				
y51102018	酸洗、漂洗槽				
y51102019	衬里	1. 衬里厚度 2. 衬里型号	m^2	按实际贴衬面积计算,不扣除人孔面积	金属面喷砂、打磨,运料、下料、削边、刷胶浆、砌衬、压实、硬度检验、火花试验等全部工程内容

续表 E.11.2

项目编码	项目名称	项目特征	计量单位	工程量计算规则	工 程 内 容
y51102020	挤干辊	1. 名称 2. 规格 3. 型号	t	按设计图示或设备装箱单提供的重量计算	开箱清点、场内运输、外观检查、设备清洗、吊装、联结、安装就位、调整、固定及设备本体的单体调试
y51102021	转向辊				
y51102022	干燥机				
y51102023	皮带助卷机				
y51102024	转台、辊台、检查台				
y51102025	液压润滑设备	1. 规格 2. 材质 3. 油箱容积 4. 输送介质			开箱清点、场内运输、外观检查、设备清洗、润滑站设备(含储油箱、油泵、冷却器及自动控制器)、润滑点、分配阀安装至单体试车
y51102026	随设备带的液压润滑机体管道	1. 名称 2. 规格 3. 型号 4. 材质 5. 输送介质		按组成管道系统的管道、管件、阀门、法兰及支架的重量计算	开箱清点、场内运输、外观检查、管道、管道附件、支架安装、试压、吹扫、冲洗、酸洗、单体调试
y51102027	随设备带的能介机体管				

E.11.3　轧机区　工程量清单项目设置及工程量计算规则，应按表E.11.3的规定执行。

表E.11.3　轧机区(编码：y51103)

项目编码	项目名称	项目特征	计量单位	工程量计算规则	工 程 内 容
y51103001	步进梁运输机	1. 名称 2. 规格 3. 型号	t	按设计图示或设备装箱单提供的重量计算	开箱清点、场内运输、外观检查、设备清洗、吊装、联结、安装就位、调整、固定及设备本体的单体调试
y51103002	钢卷运输车				
y51103003	导板台				
y51103004	夹送辊				
y51103005	带钢焊接机				
y51103006	张力辊				
y51103007	活套				
y51103008	轧机段	1. 设备单重 2. 轧辊直径			
y51103009	转向辊	1. 名称 2. 规格 3. 型号			
y51103010	辊道台				
y51103011	接轴托架				
y51103012	可移动地面盖板				
y51103013	钢卷垂直定位装置				
y51103014	张缩锥式卷取机				

续表 E.11.3

项目编码	项目名称	项目特征	计量单位	工程量计算规则	工程内容
y51103015	压辊	1. 名称 2. 规格 3. 型号	t	按设计图示或设备装箱单提供的重量计算	开箱清点、场内运输、外观检查、设备清洗、吊装、联结、安装就位、调整、固定及设备本体的单体调试
y51103016	开卷刮刀				
y51103017	纵向撇油器				
y51103018	轧机区域气动阀台				
y51103019	轧机清洗系统				
y51103020	卷筒加套系统				
y51103021	称重装置				
y51103022	打捆机				
y51103023	钢卷打印机				
y51103024	钢卷小车				
y51103025	检查台				
y51103026	轧机乳化液循环系统				
y51103027	气动控制系统				
y51103028	液压润滑设备	1. 规格 2. 材质 3. 油箱容积 4. 输送介质			开箱清点、场内运输、外观检查、设备清洗、润滑站设备(含储油箱、油泵、冷却器及自动控制器)、润滑点、分配阀安装至单体试车
y51103029	随设备带的液压润滑机体管道	1. 名称 2. 规格 3. 型号 4. 材质 5. 输送介质		按组成管道系统的管道、管件、阀门、法兰及支架的重量计算	开箱清点、场内运输、外观检查、管道、管道附件、支架安装、试压、吹扫、冲洗、酸洗、单体调试
y51103030	随设备带的能介机体管				

E.11.4　罩式退火机组　工程量清单项目设置及工程量计算规则，应按表E.11.4的规定执行。

表E.11.4　罩式退火机组（编码：y51104）

<table>
<tr><th>项目编码</th><th>项目名称</th><th>项目特征</th><th>计量单位</th><th>工程量计算规则</th><th>工 程 内 容</th></tr>
<tr><td>y51104001</td><td>翻卷平板车</td><td rowspan="7">1. 名称
2. 规格
3. 型号</td><td rowspan="10">t</td><td rowspan="5">按设计图示或设备装箱单提供的重量计算</td><td rowspan="7">开箱清点、场内运输、外观检查、设备清洗、吊装、联结、安装就位、调整、固定及设备本体的单体调试</td></tr>
<tr><td>y51104002</td><td>平板车</td></tr>
<tr><td>y51104003</td><td>炉台及导向柱安装</td></tr>
<tr><td>y51104004</td><td>加热罩</td></tr>
<tr><td>y51104005</td><td>冷却罩</td></tr>
<tr><td>y51104006</td><td>内罩</td><td rowspan="2">按设计图示或设备装箱单提供的重量计算，不包括包装材料的重量和耐火（耐酸）砖的重量（制造厂已安装的除外）</td></tr>
<tr><td>y51104007</td><td>终冷台</td></tr>
<tr><td>y51104008</td><td>液压润滑设备</td><td>1. 规格
2. 材质
3. 油箱容积
4. 输送介质</td><td>按设计图示或设备装箱单提供的重量计算</td><td>开箱清点、场内运输、外观检查、设备清洗、润滑站设备（含储油箱、油泵、冷却器及自动控制器）、润滑点、分配阀安装至单体试车</td></tr>
<tr><td>y51104009</td><td>随设备带的液压润滑机体管道</td><td rowspan="2">1. 名称
2. 规格
3. 型号
4. 材质
5. 输送介质</td><td rowspan="2">按组成管道系统的管道、管件、阀门、法兰及支架的重量计算</td><td rowspan="2">开箱清点、场内运输、外观检查、管道、管道附件、支架安装、试压、吹扫、冲洗、酸洗、单体调试</td></tr>
<tr><td>y51104010</td><td>随设备带的能介机体管</td></tr>
</table>

E. 11. 5　连续退火机组　工程量清单项目设置及工程量计算规则，应按表 E. 11. 5 的规定执行。

表 E. 11. 5　连续退火机组(编码:y51105)

项目编码	项目名称	项目特征	计量单位	工程量计算规则	工 程 内 容
y51105001	钢卷车	1. 名称 2. 规格 3. 型号	t	按设计图示或设备装箱单提供的重量计算	开箱清点、场内运输、外观检查、设备清洗、吊装、联结、安装就位、调整、固定及设备本体的单体调试
y51105002	转向辊				
y51105003	碱浴槽				
y51105004	刷洗机				
y51105005	电解清洗槽				
y51105006	热水清洗槽				
y51105007	跳动辊				
y51105008	连退搭接焊机				
y51105009	活套				
y51105010	张紧辊				
y51105011	测厚仪				
y51105012	检查镜				
y51105013	皮带助卷机				
y51105014	入口密封装置				
y51105015	喷射预热段设备			按设计图示或设备装箱单提供的重量计算，不包括包装材料的重量和耐火(耐酸)砖的重量(制造厂已安装的除外)	
y51105016	辐射管加热及均热段				
y51105017	快冷段设备				
y51105018	合金化炉设备				
y51105019	气刀稳定辊				
y51105020	空气冷却段设备			按设计图示或设备装箱单提供的重量计算	
y51105021	水淬系统设备				
y51105022	工业炉传动装置				
y51105023	电梯	1. 电梯型号 2. 层数 3. 厅门数	台		

续表 E. 11. 5

项目编码	项目名称	项目特征	计量单位	工程量计算规则	工 程 内 容
y51105024	炉子炉壳	1. 材质 2. 除锈等级 3. 油漆种类 4. 漆膜厚度	t	按设计图示尺寸计算，不扣除切边、切脚的重量	制作、安装、运输、除锈刷油等全部工程内容
y51105025	炉体结构件				
y51105026	液压润滑设备	1. 规格 2. 材质 3. 油箱容积 4. 输送介质		按设计图示或设备装箱单提供的重量计算	开箱清点、场内运输、外观检查、设备清洗、润滑站设备（含储油箱、油泵、冷却器及自动控制器）、润滑点、分配阀安装至单体试车
y51105027	随设备带的液压润滑机体管道	1. 名称 2. 型号 3. 规格 4. 材质 5. 输送介质		按组成管道系统的管道、管件、阀门、法兰及支架的重量计算	开箱清点、场内运输、外观检查、管道、管道附件、支架安装、试压、吹扫、冲洗、酸洗、单体调试
y51105028	随设备带的能介机体管				

E. 11. 6 平整区 工程量清单项目设置及工程量计算规则，应按表 E. 11. 6 的规定执行。

表 E. 11. 6 平整区（编码：y51106）

项目编码	项目名称	项目特征	计量单位	工程量计算规则	工 程 内 容
y51106001	板式步进梁	1. 名称 2. 规格 3. 型号	t	按设计图示或设备装箱单提供的重量计算	开箱清点、场内运输、外观检查、设备清洗、吊装、联结、安装就位、调整、固定及设备本体的单体调试
y51106002	鞍式步进梁				
y51106003	钢卷车				
y51106004	开卷机				
y51106005	套筒拆除装置				
y51106006	钢卷定位装置				
y51106007	带传动钢带压紧辊				
y51106008	夹送直头装置				
y51106009	双切剪和旋转挖边剪				
y51106010	废料取走装置				

续表 E.11.6

项目编码	项目名称	项目特征	计量单位	工程量计算规则	工 程 内 容
y51106011	碱洗槽、刷洗槽、电解清洗槽和漂洗槽	1.名称 2.规格 3.型号	t	按设计图示或设备装箱单提供的重量计算	开箱清点、场内运输、外观检查、设备清洗、吊装、联结、安装就位、调整、固定及设备本体的单体调试
y51106012	窄搭焊接机				
y51106013	烘干装置				
y51106014	碱雾洗涤装置				
y51106015	磁力皮带和穿带皮带				
y51106016	平整机				
y51106017	横切剪				
y51106018	导向台				
y51106019	接轴托架				
y51106020	卷取机和皮带助卷机				
y51106021	液压润滑设备	1.规格 2.材质 3.油箱容积 4.输送介质			开箱清点、场内运输、外观检查、设备清洗、润滑站设备(含储油箱、油泵、冷却器及自动控制器)、润滑点、分配阀安装至单体试车
y51106022	随设备带的液压润滑机体管道	1.名称 2.型号 3.规格 4.材质 5.输送介质		按组成管道系统的管道、管件、阀门、法兰及支架的重量计算	开箱清点、场内运输、外观检查、管道、管道附件、支架安装、试压、吹扫、冲洗、酸洗、单体调试
y51106023	随设备带的能介机体管				

E.11.7　横纵切机组　工程量清单项目设置及工程量计算规则，应按表E.11.7的规定执行。

表E.11.7　横纵切机组(编码：y51107)

项目编码	项目名称	项目特征	计量单位	工程量计算规则	工 程 内 容
y51107001	钢卷车	1.名称 2.规格 3.型号	t	按设计图示或设备装箱单提供的重量计算	开箱清点、场内运输、外观检查、设备清洗、吊装、联结、安装就位、调整、固定及设备本体的单体调试
y51107002	钢卷存放台				
y51107003	开卷机				
y51107004	夹送辊				
y51107005	钢带检查装置				
y51107006	变速矫直机				
y51107007	电动喂料剪断机				
y51107008	垛板和分级系统				
y51107009	CPC导轨				
y51107010	液压润滑设备	1.规格 2.材质 3.油箱容积 4.输送介质		按设计图示或设备装箱单提供的重量计算	开箱清点、场内运输、外观检查、设备清洗、润滑站设备(含储油箱、油泵、冷却器及自动控制器)、润滑点、分配阀安装至单体试车
y51107011	随设备带的液压润滑机体管道	1.名称 2.规格 3.型号 4.材质 5.输送介质		按组成管道系统的管道、管件、阀门、法兰及支架的重量计算	开箱清点、场内运输、外观检查、管道、管道附件、支架安装、试压、吹扫、冲洗、酸洗、单体调试
y51107012	随设备带的能介机体管				

E.11.8 纵切机组 工程量清单项目设置及工程量计算规则,应按表E.11.8的规定执行。

表E.11.8 纵切机组(编码:y51108)

项目编码	项目名称	项目特征	计量单位	工程量计算规则	工程内容
y51108001	钢卷车	1.名称 2.规格 3.型号	t	按设计图示或设备装箱单提供的重量计算	开箱清点、场内运输、外观检查、设备清洗、吊装、联结、安装就位、调整、固定及设备本体的单体调试
y51108002	钢卷存放台				
y51108003	开卷机				
y51108004	钢带检查装置				
y51108005	夹送辊				
y51108006	纵剪机				
y51108007	活套设备				
y51108008	张力辊装置				
y51108009	带托辊的辊剪				
y51108010	卷取机和皮带助卷机				
y51108011	废边卷取机				
y51108012	变带矫直机				
y51108013	称重站				
y51108014	液压润滑设备	1.规格 2.材质 3.油箱容积 4.输送介质			开箱清点、场内运输、外观检查、设备清洗、润滑站设备(含储油箱、油泵、冷却器及自动控制器)、润滑点、分配阀安装至单体试车
y51108015	随设备带的液压润滑机体管道	1.名称 2.规格 3.型号 4.材质 5.输送介质		按组成管道系统的管道、管件、阀门、法兰及支架的重量计算	开箱清点、场内运输、外观检查、管道、管道附件、支架安装、试压、吹扫、冲洗、酸洗、单体调试
y51108016	随设备带的能介机体管				

E.11.9　重卷、拉伸矫直设备及捆带　工程量清单项目设置及工程量计算规则，应按表E.11.9的规定执行。

表E.11.9　重卷、拉伸矫直设备及捆带(编码：y51109)

<table>
<tr><th>项目编码</th><th>项目名称</th><th>项目特征</th><th>计量单位</th><th>工程量计算规则</th><th>工 程 内 容</th></tr>
<tr><td>y51109001</td><td>钢卷车</td><td rowspan="15">1. 名称
2. 规格
3. 型号</td><td rowspan="18">t</td><td rowspan="16">按设计图示或设备装箱单提供的重量计算</td><td rowspan="15">开箱清点、场内运输、外观检查、设备清洗、吊装、联结、安装就位、调整、固定及设备本体的单体调试</td></tr>
<tr><td>y51109002</td><td>开卷机</td></tr>
<tr><td>y51109003</td><td>夹送辊</td></tr>
<tr><td>y51109004</td><td>圆盘剪</td></tr>
<tr><td>y51109005</td><td>卷边机</td></tr>
<tr><td>y51109006</td><td>废品垛板台</td></tr>
<tr><td>y51109007</td><td>优质钢板堆垛机</td></tr>
<tr><td>y51109008</td><td>拉伸矫直机</td></tr>
<tr><td>y51109009</td><td>涂油机</td></tr>
<tr><td>y51109010</td><td>带夹送辊的横切剪</td></tr>
<tr><td>y51109011</td><td>重卷焊机</td></tr>
<tr><td>y51109012</td><td>出口夹送辊</td></tr>
<tr><td>y51109013</td><td>张力卷取机</td></tr>
<tr><td>y51109014</td><td>皮带助卷机</td></tr>
<tr><td>y51109015</td><td>半自动包装机组</td></tr>
<tr><td>y51109016</td><td>液压润滑设备</td><td>1. 规格
2. 材质
3. 油箱容积
4. 输送介质</td><td>开箱清点、场内运输、外观检查、设备清洗、润滑站设备(含储油箱、油泵、冷却器及自动控制器)、润滑点、分配阀安装至单体试车</td></tr>
<tr><td>y51109017</td><td>随设备带的液压润滑机体管道</td><td rowspan="2">1. 名称
2. 规格
3. 型号
4. 材质
5. 输送介质</td><td rowspan="2">按组成管道系统的管道、管件、阀门、法兰及支架的重量计算</td><td rowspan="2">开箱清点、场内运输、外观检查、管道、管道附件、支架安装、试压、吹扫、冲洗、酸洗、单体调试</td></tr>
<tr><td>y51109018</td><td>随设备带的能介机体管</td></tr>
</table>

E. 11. 10 镀锌/镀锡/镀铬机组准备机组 工程量清单项目设置及工程量计算规则，应按表 E. 11. 10 的规定执行。

表 E. 11. 10 镀锌/镀锡/镀铬机组准备机组（编码：y51110）

项目编码	项目名称	项目特征	计量单位	工程量计算规则	工 程 内 容
y51110001	出入口钢卷小车	1. 名称 2. 规格 3. 型号	t	按设计图示或设备装箱单提供的重量计算	开箱清点、场内运输、外观检查、设备清洗、吊装、联结、安装就位、调整、固定及设备本体的单体调试
y51110002	开卷机				
y51110003	夹送辊和测量辊				
y51110004	转向加强				
y51110005	出入口剪和圆盘剪				
y51110006	焊机				
y51110007	废边卷取机				
y51110008	检测装置				
y51110009	液压润滑设备	1. 规格 2. 材质 3. 油箱容积 4. 输送介质			开箱清点、场内运输、外观检查、设备清洗、润滑站设备（含储油箱、油泵、冷却器及自动控制器）、润滑点、分配阀安装至单体试车
y51110010	随设备带的液压润滑机体管道	1. 名称 2. 规格 3. 型号 4. 材质 5. 输送介质		按组成管道系统的管道、管件、阀门、法兰及支架的重量计算	开箱清点、场内运输、外观检查、管道、管道附件、支架安装、试压、吹扫、冲洗、酸洗、单体调试
y51110011	随设备带的能介机体管				

E. 11. 11 热镀锌机组 工程量清单项目设置及工程量计算规则，应按表 E. 11. 11 的规定执行。

表 E. 11. 11 热镀锌机组（编码：y51111）

项目编码	项目名称	项目特征	计量单位	工程量计算规则	工 程 内 容
y51111001	钢卷车	1. 名称 2. 规格 3. 型号	t	按设计图示或设备装箱单提供的重量计算	开箱清点、场内运输、外观检查、设备清洗、吊装、联结、安装就位、调整、固定及设备本体的单体调试
y51111002	活动铺板				
y51111003	带式运输机				

续表E.11.11

项目编码	项目名称	项目特征	计量单位	工程量计算规则	工 程 内 容
y51111004	切头剪	1.名称 2.规格 3.型号	t	按设计图示或设备装箱单提供的重量计算	开箱清点、场内运输、外观检查、设备清洗、吊装、联结、安装就位、调整、固定及设备本体的单体调试
y51111005	刷洗槽和碱液喷槽				
y51111006	清洗槽				
y51111007	冲洗槽				
y51111008	退火炉				
y51111009	锌锅系统				
y51111010	加锌装置				
y51111011	挖料机				
y51111012	锌锅提升系统				
y51111013	气刀和锅内辊及辅助装置				
y51111014	纠偏辊				
y51111015	检查站				
y51111016	张紧辊				
y51111017	转向辊				
y51111018	焊机				
y51111019	中间活套				
y51111020	镀层测厚仪				
y51111021	废料运输机				
y51111022	带材汇拢送料台				
y51111023	带钢冷却设备				
y51111024	淬水槽				
y51111025	检测装置				
y51111026	液压润滑设备	1.规格 2.材质 3.油箱容积 4.输送介质			开箱清点、场内运输、外观检查、设备清洗、润滑站设备(含储油箱、油泵、冷却器及自动控制器)、润滑点、分配阀安装至单体试车
y51111027	随设备带的液压润滑机体管道	1.名称 2.规格 3.型号 4.材质 5.输送介质		按组成管道系统的管道、管件、阀门、法兰及支架的重量计算	开箱清点、场内运输、外观检查、管道、管道附件、支架安装、试压、吹扫、冲洗、酸洗、单体调试
y51111028	随设备带的能介机体管				

E. 11. 12　电镀锌机组　工程量清单项目设置及工程量计算规则，应按表 E. 11. 12 的规定执行。

表 E. 11. 12　电镀锌机组(编码：y51112)

项目编码	项目名称	项目特征	计量单位	工程量计算规则	工　程　内　容
y51112001	钢卷车	1. 名称 2. 规格 3. 型号	t	按设计图示或设备装箱单提供的重量计算	开箱清点、场内运输、外观检查、设备清洗、吊装、联结、安装就位、调整、固定及设备本体的单体调试
y51112002	测厚仪				
y51112003	转向辊				
y51112004	张紧辊				
y51112005	穿料台				
y51112006	刷洗槽和碱液喷槽				
y51112007	清洗槽				
y51112008	冲洗槽				
y51112009	锌锅				
y51112010	夹送辊				
y51112011	空气喷射冷却塔				
y51112012	检查台				
y51112013	剪前夹送辊及辊道				
y51112014	剪切机				
y51112015	出口料头小车				
y51112016	穿料台架				
y51112017	卷取机及皮带助卷机				
y51112018	液压润滑设备	1. 规格 2. 材质 3. 油箱容积 4. 输送介质			开箱清点、场内运输、外观检查、设备清洗、润滑站设备(含储油箱、油泵、冷却器及自动控制器)、润滑点、分配阀安装至单体试车

续表 E.11.12

项目编码	项目名称	项目特征	计量单位	工程量计算规则	工 程 内 容
y51112019	随设备带的液压润滑机体管道	1.名称 2.规格 3.型号 4.材质 5.输送介质	t	按组成管道系统的管道、管件、阀门、法兰及支架的重量计算	开箱清点、场内运输、外观检查、管道、管道附件、支架安装、试压、吹扫、冲洗、酸洗、单体调试
y51112020	随设备带的能介机体管				

E.11.13 电镀锡/铬机组 工程量清单项目设置及工程量计算规则，应按表 E.11.13 的规定执行。

表 E.11.13 电镀锡/铬机组(编码：y51113)

项目编码	项目名称	项目特征	计量单位	工程量计算规则	工 程 内 容
y51113001	双切剪	1.名称 2.规格 3.型号	t	按设计图示或设备装箱单提供的重量计算	开箱清点、场内运输、外观检查、设备清洗、吊装、联结、安装就位、调整、固定及设备本体的单体调试
y51113002	窄搭焊接机				
y51113003	圆盘剪				
y51113004	压毛刺机				
y51113005	拉伸矫直机				
y51113006	清洗循环系统				
y51113007	酸洗循环系统				
y51113008	镀锡/铬循环系统				
y51113009	锡/铬熔解系统				
y51113010	热风干燥器				
y51113011	排烟系统				
y51113012	马弗炉				
y51113013	水淬槽				
y51113014	水淬循环系统				
y51113015	化学循环系统				
y51113016	静电涂油机				
y51113017	检查镜				

续表 E. 11. 13

项目编码	项目名称	项目特征	计量单位	工程量计算规则	工 程 内 容
y51113018	衬里	1. 衬里厚度 2. 衬里型号	m^2	按实际贴衬面积计算，不扣除人孔面积	金属面喷砂、打磨，运料、下料、削边、刷胶浆、砌衬、压实、硬度检验、火花试验等全部工程内容
y51113019	液压润滑设备	1. 规格 2. 材质 3. 油箱容积 4. 输送介质	t	按设计图示或设备装箱单提供的重量计算	开箱清点、场内运输、外观检查、设备清洗、润滑站设备（含储油箱、油泵、冷却器及自动控制器）、润滑点、分配阀安装至单体试车
y51113020	随设备带的液压润滑机体管道	1. 名称 2. 规格 3. 型号 4. 材质 5. 输送介质		按组成管道系统的管道、管件、阀门、法兰及支架的重量计算	开箱清点、场内运输、外观检查、管道、管道附件、支架安装、试压、吹扫、冲洗、酸洗、单体调试
y51113021	随设备带的能介机体管				

E. 11. 14 涂层（彩涂）机组及压型机组 工程量清单项目设置及工程量计算规则，应按表 E. 11. 14 的规定执行。

表 E. 11. 14 涂层（彩涂）机组及压型机组（编码：y51114）

项目编码	项目名称	项目特征	计量单位	工程量计算规则	工 程 内 容
y51114001	钢卷运输车	1. 名称 2. 规格 3. 型号	t	按设计图示或设备装箱单提供的重量计算	开箱清点、场内运输、外观检查、设备清洗、吊装、联结、安装就位、调整、固定及设备本体的单体调试
y51114002	带活动铺板装卷车				
y51114003	上层穿料运输机				
y51114004	废料运输机				
y51114005	转向辊及混合送料台				

续表 E.11.14

项目编码	项目名称	项目特征	计量单位	工程量计算规则	工 程 内 容
y51114006	涂层设备	1. 名称 2. 规格 3. 型号	t	按设计图示或设备装箱单提供的重量计算	开箱清点、场内运输、外观检查、设备清洗、吊装、联结、安装就位、调整、固定及设备本体的单体调试
y51114007	翻卷机				
y51114008	压型机				
y51114009	液压润滑设备	1. 规格 2. 材质 3. 油箱容积 4. 输送介质			开箱清点、场内运输、外观检查、设备清洗、润滑站设备(含储油箱、油泵、冷却器及自动控制器)、润滑点、分配阀安装至单体试车
y51114010	随设备带的液压润滑机体管道	1. 名称 2. 规格 3. 型号 4. 材质 5. 输送介质		按组成管道系统的管道、管件、阀门、法兰及支架的重量计算	开箱清点、场内运输、外观检查、管道、管道附件、支架安装、试压、吹扫、冲洗、酸洗、单体调试
y51114011	随设备带的能介机体管				

E.11.15 电工钢退火涂层机组(含硅钢) 工程量清单项目设置及工程量计算规则,应按表 E.11.15 的规定执行。

表 E.11.15 电工钢退火涂层机组(含硅钢)(编码:y51115)

项目编码	项目名称	项目特征	计量单位	工程量计算规则	工 程 内 容
y51115001	钢卷运输车	1. 名称 2. 规格 3. 型号	t	按设计图示或设备装箱单提供的重量计算	开箱清点、场内运输、外观检查、设备清洗、吊装、联结、安装就位、调整、固定及设备本体的单体调试
y51115002	带活动铺板装卷车				
y51115003	上层穿料运输机				
y51115004	废料运输机				
y51115005	转向辊及混合送料台				

续表 E.11.15

项目编码	项目名称	项目特征	计量单位	工程量计算规则	工 程 内 容
y51115006	退火炉设备	1.名称 2.规格 3.型号	t	按设计图示或设备装箱单提供的重量计算	开箱清点、场内运输、外观检查、设备清洗、吊装、联结、安装就位、调整、固定及设备本体的单体调试
y51115007	翻卷机				
y51115008	压型机				
y51115009	液压润滑设备	1.规格 2.材质 3.油箱容积 4.输送介质			开箱清点、场内运输、外观检查、设备清洗、润滑站设备(含储油箱、油泵、冷却器及自动控制器)、润滑点、分配阀安装至单体试车
y51115010	随设备带的液压润滑机体管道	1.名称 2.规格 3.型号 4.材质 5. 输送介质		按组成管道系统的管道、管件、阀门、法兰及支架的重量计算	开箱清点、场内运输、外观检查、管道、管道附件、支架安装、试压、吹扫、冲洗、酸洗、单体调试
y51115011	随设备带的能介机体管				

E.11.16 磨辊间 工程量清单项目设置及工程量计算规则,应按表 E.11.16 的规定执行。

表 E.11.16 磨辊间(编码:y51116)

项目编码	项目名称	项目特征	计量单位	工程量计算规则	工 程 内 容
y51116001	辊磨床	1.名称 2.规格 3.型号	t	按设计图示或设备装箱单提供的重量计算	开箱清点、场内运输、外观检查、设备清洗、吊装、联结、安装就位、调整、固定及设备本体的单体调试
y51116002	电火花打毛机床				
y51116003	磨床自动装卸料装置				
y51116004	轴承座翻转机				
y51116005	辊拆装机				
y51116006	辊存放架				
y51116007	轴承清洗槽				

续表 E.11.16

项目编码	项目名称	项目特征	计量单位	工程量计算规则	工 程 内 容
y51116008	轴承浸渍槽	1.名称 2.规格 3.型号	t	按设计图示或设备装箱单提供的重量计算	开箱清点、场内运输、外观检查、设备清洗、吊装、联结、安装就位、调整、固定及设备本体的单体调试
y51116009	辊旋机	1.名称 2.规格 3.型号	t	按设计图示或设备装箱单提供的重量计算	开箱清点、场内运输、外观检查、设备清洗、吊装、联结、安装就位、调整、固定及设备本体的单体调试
y51116010	磨辊间乳化液过滤器	1.名称 2.规格 3.型号	t	按设计图示或设备装箱单提供的重量计算	开箱清点、场内运输、外观检查、设备清洗、吊装、联结、安装就位、调整、固定及设备本体的单体调试
y51116011	液压润滑设备	1.规格 2.材质 3.油箱容积 4.输送介质	t	按设计图示或设备装箱单提供的重量计算	开箱清点、场内运输、外观检查、设备清洗、润滑站设备(含储油箱、油泵、冷却器及自动控制器)、润滑点、分配阀安装至单体试车
y51116012	随设备带的液压润滑机体管道	1.名称 2.规格 3.型号 4.材质 5.输送介质	t	按组成管道系统的管道、管件、阀门、法兰及支架的重量计算	开箱清点、场内运输、外观检查、管道、管道附件、支架安装、试压、吹扫、冲洗、酸洗、单体调试
y51116013	随设备带的能介机体管	1.名称 2.规格 3.型号 4.材质 5.输送介质	t	按组成管道系统的管道、管件、阀门、法兰及支架的重量计算	开箱清点、场内运输、外观检查、管道、管道附件、支架安装、试压、吹扫、冲洗、酸洗、单体调试

E.11.17 其他设备 工程量清单项目设置及工程量计算规则,应按表 E.11.17 的规定执行。

表 E.11.17 其他设备(编码:y51117)

项目编码	项目名称	项目特征	计量单位	工程量计算规则	工 程 内 容
y51117001	其他设备	1.名称 2.规格 3.型号	t	按设计图示或设备装箱单提供的重量计算	开箱清点、场内运输、外观检查、设备清洗、吊装、联结、安装就位、调整、固定及设备本体的单体调试

E.12　钢　管　工　程

E.12.1　工业炉　工程量清单项目设置及工程量计算规则,应按表E.12.1的规定执行。

表E.12.1　工业炉(编码:y51201)

项目编码	项目名称	项目特征	计量单位	工程量计算规则	工 程 内 容
y51201001	环形炉	1.名称 2.规格 3.型号	t	按设计图示或设备装箱单提供的重量计算	开箱清点、场内运输、外观检查、设备清洗、吊装、联结、安装就位、调整、固定及设备本体的单体调试
y51201002	热轧管机械设备				
y51201003	环形加热炉炉前设备				
y51201004	辊道				
y51201005	火焰切割机				
y51201006	至环形炉斜式提升机				
y51201007	管坯堆放机				
y51201008	测长称重装置				
y51201009	环形加热炉				
y51201010	由环形炉至再加热炉设备				
y51201011	再加热炉				
y51201012	管坯剥皮机				
y51201013	台架				
y51201014	淬火炉				
y51201015	淬火装置				
y51201016	运输设备				
y51201017	水压试验机				
y51201018	回火炉				

续表 E.12.1

项目编码	项目名称	项目特征	计量单位	工程量计算规则	工 程 内 容
y51201019	光亮退火炉	1.名称 2.规格 3.型号	t	按设计图示或设备装箱单提供的重量计算	开箱清点、场内运输、外观检查、设备清洗、吊装、联结、安装就位、调整、固定及设备本体的单体调试
y51201020	探伤装置				
y51201021	传送设备				
y51201022	外表面修磨机				
y51201023	水压试验机				
y51201024	锯类设备				
y51201025	车丝机				
y51201026	管接头拧接机				
y51201027	芯棒加热炉				
y51201028	芯棒输送、冷却、导入装置				
y51201029	松棒机				
y51201030	芯棒横向输送装置				
y51201031	芯棒热处理机组				
y51201032	芯棒存储台架				
y51201033	芯棒剥皮机				

续表 E.12.1

项目编码	项目名称	项目特征	计量单位	工程量计算规则	工 程 内 容
y51201034	感应加热装置	1.名称 2.规格 3.型号	t	按设计图示或设备装箱单提供的重量计算	开箱清点、场内运输、外观检查、设备清洗、吊装、联结、安装就位、调整、固定及设备本体的单体调试
y51201035	端部加工机床				
y51201036	除尘系统				
y51201037	除鳞装置				
y51201038	张力减径机组				
y51201039	油套管精整作业线				
y51201040	通径试验机				
y51201041	钻杆加工线				
y51201042	液压润滑设备	1.规格 2.材质 3.油箱容积 4. 输送介质			开箱清点、场内运输、外观检查、设备清洗、润滑站设备(含储油箱、油泵、冷却器及自动控制器)、润滑点、分配阀安装至单体试车
y51201043	随设备带的液压润滑机体管道	1.名称 2.规格 3.型号 4.材质 5.输送介质		按组成管道系统的管道、管件、阀门、法兰及支架的重量计算	开箱清点、场内运输、外观检查、管道、管道附件、支架安装、试压、吹扫、冲洗、酸洗、单体调试
y51201044	随设备带的能介机体管				

E.12.2　热轧区　工程量清单项目设置及工程量计算规则，应按表E.12.2的规定执行。

表E.12.2　热轧区(编码：y51202)

项目编码	项目名称	项目特征	计量单位	工程量计算规则	工程内容
y51202001	台架	1.名称 2.规格 3.型号	t	按设计图示或设备装箱单提供的重量计算	开箱清点、场内运输、外观检查、设备清洗、吊装、联结、安装就位、调整、固定及设备本体的单体调试
y51202002	辊道				
y51202003	运输装置				
y51202004	热定心机				
y51202005	穿孔机组				
y51202006	穿心坯减径机				
y51202007	焊缝退火设备				
y51202008	焊缝加工设备				
y51202009	液压润滑设备	1.规格 2.材质 3.油箱容积 4.输送介质			开箱清点、场内运输、外观检查、设备清洗、润滑站设备(含储油箱、油泵、冷却器及自动控制器)、润滑点、分配阀安装至单体试车
y51202010	随设备带的液压润滑机体管道	1.名称 2.规格 3.型号 4.材质 5.输送介质		按组成管道系统的管道、管件、阀门、法兰及支架的重量计算	开箱清点、场内运输、外观检查、管道、管道附件、支架安装、试压、吹扫、冲洗、酸洗、单体调试
y51202011	随设备带的能介机体管				

E.12.3　连续精整区　工程量清单项目设置及工程量计算规则，应按表E.12.3的规定执行。

表E.12.3　连续精整区(编码：y51203)

项目编码	项目名称	项目特征	计量单位	工程量计算规则	工程内容
y51203001	连轧机组	1.名称 2.规格 3.型号	t	按设计图示或设备装箱单提供的重量计算	开箱清点、场内运输、外观检查、设备清洗、吊装、联结、安装就位、调整、固定及设备本体的单体调试
y51203002	连轧机后台				
y51203003	荒管取样锯				

续表 E. 12. 3

项目编码	项目名称	项目特征	计量单位	工程量计算规则	工 程 内 容
y51203004	台架	1. 名称 2. 规格 3. 型号	t	按设计图示或设备装箱单提供的重量计算	开箱清点、场内运输、外观检查、设备清洗、吊装、联结、安装就位、调整、固定及设备本体的单体调试
y51203005	定径机				
y51203006	冷床				
y51203007	硬度试验设备				
y51203008	矫直机				
y51203009	过跨小车				
y51203010	液压润滑设备	1. 规格 2. 材质 3. 油箱容积 4. 输送介质			开箱清点、场内运输、外观检查、设备清洗、润滑站设备（含储油箱、油泵、冷却器及自动控制器）、润滑点、分配阀安装至单体试车
y51203011	随设备带的液压润滑机体管道	1. 名称 2. 规格 3. 型号 4. 材质 5. 输送介质		按组成管道系统的管道、管件、阀门、法兰及支架的重量计算	开箱清点、场内运输、外观检查、管道、管道附件、支架安装、试压、吹扫、冲洗、酸洗、单体调试
y51203012	随设备带的能介机体管				

E. 12. 4　锅炉管精整区　工程量清单项目设置及工程量计算规则，应按表 E. 12. 4 的规定执行。

表 E. 12. 4　锅炉管精整区（编码：y51204）

项目编码	项目名称	项目特征	计量单位	工程量计算规则	工 程 内 容
y51204001	锅炉管精整作业线设备	1. 名称 2. 规格 3. 型号	t	按设计图示或设备装箱单提供的重量计算	开箱清点、场内运输、外观检查、设备清洗、吊装、联结、安装就位、调整、固定及设备本体的单体调试
y51204002	辊道				
y51204003	台架				
y51204004	毛刺清刷机				
y51204005	测长称重装置				

续表 E.12.4

项目编码	项目名称	项目特征	计量单位	工程量计算规则	工 程 内 容
y51204006	打捆装置	1.名称 2.规格 3.型号	t	按设计图示或设备装箱单提供的重量计算	开箱清点、场内运输、外观检查、设备清洗、吊装、联结、安装就位、调整、固定及设备本体的单体调试
y51204007	涂防护层装置				
y51204008	过跨小车				
y51204009	锯床				
y51204010	液压润滑设备	1.规格 2.材质 3.油箱容积 4.输送介质			开箱清点、场内运输、外观检查、设备清洗、润滑站设备(含储油箱、油泵、冷却器及自动控制器)、润滑点、分配阀安装至单体试车
y51204011	随设备带的液压润滑机体管道	1.名称 2.规格 3.型号 4.材质 5.输送介质		按组成管道系统的管道、管件、阀门、法兰及支架的重量计算	开箱清点、场内运输、外观检查、管道、管道附件、支架安装、试压、吹扫、冲洗、酸洗、单体调试
y51204012	随设备带的能介机体管				

E.12.5　油井管区　工程量清单项目设置及工程量计算规则,应按表 E.12.5 的规定执行。

表 E.12.5　油井管区(编码:y51205)

项目编码	项目名称	项目特征	计量单位	工程量计算规则	工 程 内 容
y51205001	切管机组	1.名称 2.规格 3.型号	t	按设计图示或设备装箱单提供的重量计算	开箱清点、场内运输、外观检查、设备清洗、吊装、联结、安装就位、调整、固定及设备本体的单体调试
y51205002	台架				
y51205003	冷床				
y51205004	锯类设备				
y51205005	油井管精整线锯床				
y51205006	油井管分段锯传送装置				
y51205007	管端加工设备				
y51205008	吸屑设备				
y51205009	摩擦对焊机				

续表 E.12.5

项目编码	项目名称	项目特征	计量单位	工程量计算规则	工 程 内 容
y51205010	加厚机组	1.名称 2.规格 3.型号	t	按设计图示或设备装箱单提供的重量计算	开箱清点、场内运输、外观检查、设备清洗、吊装、联结、安装就位、调整、固定及设备本体的单体调试
y51205011	运输装置				
y51205012	调制机组				
y51205013	矫直机				
y51205014	吹灰装置及除尘设施				
y51205015	管端定径机组				
y51205016	管端感应加热装置				
y51205017	检验机组				
y51205018	探伤装置				
y51205019	检验作业线设备				
y51205020	弯曲压力机				
y51205021	硬度试验机				
y51205022	光谱分析仪				
y51205023	打印装置				
y51205024	打捆机组				
y51205025	流水精整作业线设备				
y51205026	毛刺清刷机				
y51205027	测长称重装置				
y51205028	过跨小车				
y51205029	钢管倒棱机组				
y51205030	保护环拧接机				
y51205031	外表涂防腐层设备				
y51205032	钢管涂层设备				

续表 E. 12. 5

项目编码	项目名称	项目特征	计量单位	工程量计算规则	工 程 内 容
y51205033	液压润滑设备	1. 规格 2. 材质 3. 油箱容积 4. 输送介质	t	按设计图示或设备装箱单提供的重量计算	开箱清点、场内运输、外观检查、设备清洗、润滑站设备(含储油箱、油泵、冷却器及自动控制器)、润滑点、分配阀安装至单体试车
y51205034	随设备带的液压润滑机体管道	1. 名称 2. 规格 3. 型号 4. 材质 5. 输送介质	t	按组成管道系统的管道、管件、阀门、法兰及支架的重量计算	开箱清点、场内运输、外观检查、管道、管道附件、支架安装、试压、吹扫、冲洗、酸洗、单体调试
y51205035	随设备带的能介机体管				

E. 12. 6　钻杆生产区　工程量清单项目设置及工程量计算规则，应按表 E. 12. 6 的规定执行。

表 E. 12. 6　钻杆生产区(编码：y51206)

项目编码	项目名称	项目特征	计量单位	工程量计算规则	工 程 内 容
y51206001	探伤装置	1. 名称 2. 规格 3. 型号	t	按设计图示或设备装箱单提供的重量计算	开箱清点、场内运输、外观检查、设备清洗、吊装、联结、安装就位、调整、固定及设备本体的单体调试

E. 12. 7　工具、轧辊修理及芯棒加工区　工程量清单项目设置及工程量计算规则，应按表 E. 12. 7 的规定执行。

表 E. 12. 7　工具、轧辊修理及芯棒加工区(编码：y51207)

项目编码	项目名称	项目特征	计量单位	工程量计算规则	工 程 内 容
y51207001	修磨和检验前运输装置	1. 名称 2. 规格 3. 型号	t	按设计图示或设备装箱单提供的重量计算	开箱清点、场内运输、外观检查、设备清洗、吊装、联结、安装就位、调整、固定及设备本体的单体调试

E.12.8 其他设备 工程量清单项目设置及工程量计算规则，应按表 E.12.8 的规定执行。

表 E.12.8 其他设备(编码：y51208)

项目编码	项目名称	项目特征	计量单位	工程量计算规则	工 程 内 容
y51208001	其他设备	1. 名称 2. 规格 3. 型号	t	按设计图示或设备装箱单提供的重量计算	开箱清点、场内运输、外观检查、设备清洗、吊装、联结、安装就位、调整、固定及设备本体的单体调试

E.13 高 速 线 材 工 程

E.13.1 轧钢工艺设备 工程量清单项目设置及工程量计算规则，应按表 E.13.1 的规定执行。

表 E.13.1 轧钢工艺设备(编码：y51301)

项目编码	项目名称	项目特征	计量单位	工程量计算规则	工 程 内 容
y51301001	轧机主体设备	1. 名称 2. 型号 3. 规格	t	按设计图示或设备装箱单提供的重量计算	开箱清点、场内运输、外观检查、设备清洗、吊装、联结、安装就位、调整、固定及设备本体的单体调试
y51301002	水冷系统				
y51301003	减定径机组				
y51301004	光学测径仪				
y51301005	吐丝机				
y51301006	散卷冷却运输线				
y51301007	积放式钩式运输机				
y51301008	压紧打捆机				
y51301009	盘卷称重设备				
y51301010	修剪取样液压剪				
y51301011	阀类设备				
y51301012	料架、台架				
y51301013	挡板				
y51301014	轧机卡断剪、后飞剪及导槽				
y51301015	轧机间立活套				
y51301016	集卷站				
y51301017	运卷小车				
y51301018	卸卷站				
y51301019	设备钢结构				

续表 E. 13. 1

项目编码	项目名称	项目特征	计量单位	工程量计算规则	工程内容
y51301020	液压润滑设备	1. 规格 2. 材质 3. 油箱容积 4. 输送介质	t	按设计图示或设备装箱单提供的重量计算	开箱清点、场内运输、外观检查、设备清洗、润滑站设备(含储油箱、油泵、冷却器及自动控制器)、润滑点、分配阀安装至单体试车
y51301021	随设备带的液压润滑机体管道	1. 名称 2. 规格 3. 型号 4. 材质 5. 输送介质		按组成管道系统的管道、管件、阀门、法兰及支架的重量计算	开箱清点、场内运输、外观检查、管道、管道附件、支架安装、试压、吹扫、冲洗、酸洗、单体调试
y51301022	随设备带的能介机体管				

E. 13. 2 加热炉 工程量清单项目设置及工程量计算规则，应按表 E. 13. 2 的规定执行。

表 E. 13. 2 加热炉(编码：y51302)

项目编码	项目名称	项目特征	计量单位	工程量计算规则	工程内容
y51302001	炉壳	1. 名称 2. 型号 3. 规格	t	按设计图示或设备装箱单提供的重量计算	开箱清点、场内运输、外观检查、设备清洗、吊装、联结、安装就位、调整、固定及设备本体的单体调试
y51302002	加热炉主体设备				
y51302003	设备钢结构				
y51302004	阀类设备				
y51302005	液压润滑设备	1. 规格 2. 材质 3. 油箱容积 4. 输送介质			开箱清点、场内运输、外观检查、设备清洗、润滑站设备(含储油箱、油泵、冷却器及自动控制器)、润滑点、分配阀安装至单体试车
y51302006	随设备带的液压润滑机体管道	1. 名称 2. 规格 3. 型号 4. 材质 5. 输送介质		按组成管道系统的管道、管件、阀门、法兰及支架的重量计算	开箱清点、场内运输、外观检查、管道、管道附件、支架安装、试压、吹扫、冲洗、酸洗、单体调试
y51302007	随设备带的能介机体管				

E. 13. 3　车间内综合管线　工程量清单项目设置及工程量计算规则，应按表 E. 13. 3 的规定执行。

表 E. 13. 3　车间内综合管线(编码：y51303)

项目编码	项目名称	项目特征	计量单位	工程量计算规则	工 程 内 容
y51303001	泵类设备	1. 名称 2. 型号 3. 规格	t	按设计图示或设备装箱单提供的重量计算	开箱清点、场内运输、外观检查、设备清洗、吊装、联结、安装就位、调整、固定及设备本体的单体调试
y51303002	阀类设备				

E. 13. 4　燃气工程设备　工程量清单项目设置及工程量计算规则，应按表 E. 13. 4 的规定执行。

表 E. 13. 4　燃气工程设备(编码：y51304)

项目编码	项目名称	项目特征	计量单位	工程量计算规则	工 程 内 容
y51304001	补偿器	1. 名称 2. 型号 3. 规格	台	按设计图示或设备装箱单提供的数量计算	开箱清点、场内运输、外观检查、设备清洗、吊装、联结、安装就位、调整、固定及设备本体的单体调试
y51304002	管道水封		t	按设计图示或设备装箱单提供的重量计算	
y51304003	阀类设备				

E. 13. 5　热力工程设备　工程量清单项目设置及工程量计算规则，应按表 E. 13. 5 的规定执行。

表 E. 13. 5　热力工程设备(编码：y51305)

项目编码	项目名称	项目特征	计量单位	工程量计算规则	工 程 内 容
y51305001	阀类设备	1. 名称 2. 型号 3. 规格	t	按设计图示或设备装箱单提供的重量计算	开箱清点、场内运输、外观检查、设备清洗、吊装、联结、安装就位、调整、固定及设备本体的单体调试
y51305002	储气罐				
y51305003	空压机				
y51305004	干燥机				
y51305005	消声器				

E. 13. 6　配套设施　工程量清单项目设置及工程量计算规则，应按表 E. 13. 6 的规定执行。

表 E. 13. 6　配套设施(编码：y51306)

项目编码	项目名称	项目特征	计量单位	工程量计算规则	工 程 内 容
y51306001	机修设备	1. 名称 2. 型号 3. 规格	t	按设计图示或设备装箱单提供的重量计算	开箱清点、场内运输、外观检查、设备清洗、吊装、联结、安装就位、调整、固定及设备本体的单体调试
y51306002	槽类设备				
y51306003	检化验设备				

E.13.7 其他设备 工程量清单项目设置及工程量计算规则,应按表E.13.7的规定执行。

表E.13.7 其他设备(编码:y51307)

项目编码	项目名称	项目特征	计量单位	工程量计算规则	工程内容
y51307001	其他设备	1.名称 2.型号 3.规格	t	按设计图示或设备装箱单提供的重量计算	开箱清点、场内运输、外观检查、设备清洗、吊装、联结、安装就位、调整、固定及设备本体的单体调试

E.14 水处理工程

E.14.1 循环水处理站 工程量清单项目设置及工程量计算规则,应按表E.14.1的规定执行。

表E.14.1 循环水处理站(编码:y51401)

项目编码	项目名称	项目特征	计量单位	工程量计算规则	工程内容
y51401001	冷却塔设备	1.名称 2.结构形式 3.规格 4.型号 5.安装高度	台	按设计图示或设备装箱单提供的数量计算	开箱清点、场内运输、外观检查、设备清洗、吊装、联结、安装就位、调整、固定及单体调试
y51401002	抽风冷却塔				
y51401003	填料	1.名称 2.规格 3.型号 4.安装高度	t/m^3	按设计图示以理论质量或体积计算	填充
y51401004	泵类设备	1.名称 2.型号 3.压力 4.输送介质	t	按设计图示或设备装箱单提供的重量计算	开箱清点、场内运输、外观检查、设备清洗、吊装、联结、安装就位、调整、固定及单体调试
y51401005	阀类设备				
y51401006	加药装置	1.名称 2.规格 3.型号 4.材质			
y51401007	过滤器				
y51401008	搅拌器				
y51401009	除油机				
y51401010	刮泥刮渣机				
y51401011	粗颗粒分离机				
y51401012	给水装置				
y51401013	二氧化氯发生器				
y51401014	高频水处理器				
y51401015	过滤装置				

续表 E.14.1

项目编码	项目名称	项目特征	计量单位	工程量计算规则	工程内容
y51401016	随设备带的能介机体管	1.名称 2.规格 3.型号 4.材质 5.输送介质	t	按组成管道系统的管道、管件、阀门、法兰及支架的重量计算	开箱清点、场内运输、外观检查、管道、管道附件、支架安装、试压、吹扫、冲洗、酸洗、单体调试

E.14.2 污泥处理系统 工程量清单项目设置及工程量计算规则，应按表 E.14.2 的规定执行。

表 E.14.2 污泥处理系统(编码:y51402)

项目编码	项目名称	项目特征	计量单位	工程量计算规则	工程内容
y51402001	压沥机	1.名称 2.规格 3.型号 4.材质	t	按设计图示或设备装箱单提供的重量计算	开箱清点、场内运输、外观检查、设备清洗、吊装、联结、安装就位、调整、固定及单体调试
y51402002	搅拌机				
y51402003	刮泥机				
y51402004	浓缩机				
y51402005	传动装置				
y51402006	泵类设备	1.名称 2.型号 3.规格 4.压力 5.输送介质			
y51402007	阀类设备	1.名称 2.规格 3.型号 4.安装高度			
y51402008	随设备带的能介机体管	1.名称 2.规格 3.型号 4.材质 5.输送介质		按组成管道系统的管道、管件、阀门、法兰及支架的重量计算	开箱清点、场内运输、外观检查、管道、管道附件、支架安装、试压、吹扫、冲洗、酸洗、单体调试

E. 14. 3　废水处理站　工程量清单项目设置及工程量计算规则，应按表 E. 14. 3 的规定执行。

表 E. 14. 3　废水处理站（编码：y51403）

项目编码	项目名称	项目特征	计量单位	工程量计算规则	工程内容
y51403001	酸碱废水处理系统：调节池空气装置（曝气器）	1. 名称 2. 型号 3. 规格 4. 压力	t	按设计图示或设备装箱单提供的重量计算	开箱清点、场内运输、外观检查、设备清洗、吊装、联结、安装就位、调整、固定及单体调试
y51403002	酸碱废水处理系统：泵类设备	1. 名称 2. 型号 3. 规格 4. 压力 5. 输送介质			
y51403003	酸碱废水处理系统：阀类设备	1. 名称 2. 规格 3. 型号 4. 安装高度			
y51403004	酸碱废水处理系统：各类槽、罐	1. 名称 2. 型号 3. 规格 4. 材质 5. 内部构件			
y51403005	酸碱废水处理系统：搅拌机	1. 名称 2. 型号 3. 规格 4. 压力			
y51403006	酸碱废水处理系统：刮泥刮渣机				
y51403007	酸碱废水处理系统：过滤器				
y51403008	酸碱废水处理系统：蒸汽盘管	1. 型号 2. 规格 3. 压力 4. 材质			
y51403009	酸碱废水处理系统：罗茨风机	1. 名称 2. 型号 3. 规格 4. 压力			
y51403010	酸碱废水处理系统：空气冷却器				

续表 E.14.3

项目编码	项目名称	项目特征	计量单位	工程量计算规则	工 程 内 容
y51403011	含油废水处理系统:分配槽隔栅	1.型号 2.规格 3.压力 4.材质	t	按设计图示或设备装箱单提供的重量计算	开箱清点、场内运输、外观检查、设备清洗、吊装、联结、安装就位、调整、固定及单体调试
y51403012	含油废水处理系统:刮油刮泥机、循环槽刮渣机	1.名称 2.型号 3.规格 4.压力			
y51403013	含油废水处理系统:循环槽刮渣机				
y51403014	含油废水处理系统:吸入口水箱	1.名称 2.型号 3.规格 4.压力 5.材质			
y51403015	含油废水处理系统:蒸汽加热盘管				
y51403016	含油废水处理系统:螺旋收集器、滗油器				
y51403017	含油废水处理系统:泵类设备	1.名称 2.型号 3.规格 4.压力 5.输送介质			
y51403018	含油废水处理系统:阀类设备	1.名称 2.规格 3.型号 4.安装高度			
y51403019	含油废水处理系统:各类槽、罐	1.名称 2.型号 3.规格 4.材质 5.内部构件			

续表 E.14.3

项目编码	项目名称	项目特征	计量单位	工程量计算规则	工 程 内 容
y51403020	含油废水处理系统:搅拌机	1.名称 2.型号 3.规格 4.压力	t	按设计图示或设备装箱单提供的重量计算	开箱清点、场内运输、外观检查、设备清洗、吊装、联结、安装就位、调整、固定及单体调试
y51403021	含油废水处理系统:循环槽钢带式撇油机				
y51403022	含油废水处理系统:循环槽链板式刮油机				
y51403023	含油废水处理系统:膜反应膜过滤器				
y51403024	含油废水处理系统:含油废水纸带过滤器				
y51403025	含油废水处理系统:膜生物反应罗茨风机				
y51403026	含油废水处理系统:膜生物反应热交换器				
y51403027	含油废水处理系统:膜生物反应曝气装置				
y51403028	含铬废水处理系统:搅拌机				
y51403029	含铬废水处理系统:泵类设备	1.名称 2.型号 3.规格 4.压力 5.输送介质			
y51403030	含铬废水处理系统:阀类设备	1.名称 2.规格 3.型号 4.安装高度			

续表 E. 14. 3

项目编码	项目名称	项目特征	计量单位	工程量计算规则	工 程 内 容
y51403031	含铬废水处理系统:各类槽、罐	1. 名称 2. 型号 3. 规格 4. 材质 5. 内部构件	t	按设计图示或设备装箱单提供的重量计算	开箱清点、场内运输、外观检查、设备清洗、吊装、联结、安装就位、调整、固定及单体调试
y51403032	含铬废水处理系统:曝气器	1. 名称 2. 型号 3. 规格 4. 压力			
y51403033	酸碱污泥处理系统:泵类设备	1. 名称 2. 型号 3. 规格 4. 压力 5. 输送介质			
y51403034	酸碱污泥处理系统:阀类设备	1. 名称 2. 规格 3. 型号 4. 安装高度			
y51403035	酸碱污泥处理系统:刮泥刮渣机	1. 名称 2. 型号 3. 规格 4. 压力			
y51403036	酸碱污泥处理系统:酸碱污泥压滤机				
y51403037	废油回收系统:蒸汽加热盘管	1. 名称 2. 型号 3. 规格 4. 压力 5. 材质			
y51403038	废油回收系统:泵类设备	1. 名称 2. 型号 3. 规格 4. 压力 5. 输送介质			
y51403039	废油回收系统:阀类设备	1. 名称 2. 规格 3. 型号 4. 安装高度			

续表 E.14.3

项目编码	项目名称	项目特征	计量单位	工程量计算规则	工 程 内 容
y51403040	废油回收系统:各类槽、罐	1.名称 2.型号 3.规格 4.材质 5.内部构件	t	按设计图示或设备装箱单提供的重量计算	开箱清点、场内运输、外观检查、设备清洗、吊装、联结、安装就位、调整、固定及单体调试
y51403041	废油回收系统:搅拌机	1.名称 2.型号 3.规格 4.材质			
y51403042	加药系统:泵类设备	1.名称 2.型号 3.规格 4.压力 5.输送介质			
y51403043	加药系统:阀类设备	1.名称 2.规格 3.型号 4.安装高度			
y51403044	加药系统:各类槽、罐	1.名称 2.型号 3.规格 4.材质 5.内部构件			
y51403045	加药系统:搅拌机	1.名称 2.型号 3.规格 4.材质			
y51403046	加药系统:加药系统酸雾洗涤塔				
y51403047	加药系统:填料		t/m^3	按设计图示以理论质量或体积计算	填充
y51403048	加药系统:酸雾洗涤塔排气风机		t	按设计图示或设备装箱单提供的重量计算	开箱清点、场内运输、外观检查、设备清洗、吊装、联结、安装就位、调整、固定及单体调试
y51403049	加药系统:石灰仓、料斗				

续表 E.14.3

项目编码	项目名称	项目特征	计量单位	工程量计算规则	工 程 内 容
y51403050	加药系统：设备除尘装置	1. 名称 2. 型号 3. 规格 4. 材质	t	按设计图示或设备装箱单提供的重量计算	开箱清点、场内运输、外观检查、设备清洗、吊装、联结、安装就位、调整、固定及单体调试
y51403051	加药系统：石灰供料机				
y51403052	加药系统：石灰硝化装置				
y51403053	加药系统：助凝剂系统助凝剂料斗				
y51403054	随设备带的能介机体管	1. 名称 2. 规格 3. 型号 4. 材质 5. 输送介质		按组成管道系统的管道、管件、阀门、法兰及支架的重量计算	开箱清点、场内运输、外观检查、管道、管道附件、支架安装、试压、吹扫、冲洗、酸洗、单体调试

E.14.4　检化验设施　工程量清单项目设置及工程量计算规则，应按表 E.14.4 的规定执行。

表 E.14.4　检化验设施（编码：y51404）

项目编码	项目名称	项目特征	计量单位	工程量计算规则	工 程 内 容
y51404001	检化验设备	1. 名称 2. 型号 3. 规格 4. 材质	t	按设计图示或设备装箱单提供的重量计算	开箱清点、场内运输、外观检查、设备清洗、吊装、联结、安装就位、调整、固定及单体调试
y51404002	槽类设备				
y51404003	随设备带的能介机体管	1. 名称 2. 规格 3. 型号 4. 材质 5. 输送介质		按组成管道系统的管道、管件、阀门、法兰及支架的重量计算	开箱清点、场内运输、外观检查、管道、管道附件、支架安装、试压、吹扫、冲洗、酸洗、单体调试

E.14.5 蒸汽降温减压站 工程量清单项目设置及工程量计算规则,应按表E.14.5的规定执行。

表E.14.5 蒸汽降温减压站(编码:y51405)

项目编码	项目名称	项目特征	计量单位	工程量计算规则	工程内容
y51405001	降温减压装置	1.规格 2.型号 3.材质 4.工作压力	t	按设计图示或设备装箱单提供的重量计算	开箱清点、场内运输、外观检查、设备清洗、吊装、联结、安装就位、调整、固定及单体调试
y51405002	蒸汽干燥器				
y51405003	蒸汽冷凝水箱	1.名称 2.型号 3.规格 4.材质			
y51405004	泵类设备	1.名称 2.型号 3.规格 4.压力 5.输送介质			
y51405005	波纹补偿器	1.规格 2.型号 3.材质 4.公称压力			
y51405006	阀类设备	1.名称 2.规格 3.型号 4.安装高度			
y51405007	随设备带的能介机体管	1.名称 2.规格 3.型号 4.材质 5.输送介质		按组成管道系统的管道、管件、阀门、法兰及支架的重量计算	开箱清点、场内运输、外观检查、管道、管道附件、支架安装、试压、吹扫、冲洗、酸洗、单体调试

E. 14. 6　脱盐水站　工程量清单项目设置及工程量计算规则，应按表 E. 14. 6 的规定执行。

表 E. 14. 6　脱盐水站（编码：y51406）

项目编码	项目名称	项目特征	计量单位	工程量计算规则	工 程 内 容
y51406001	反渗透机组	1. 规格 2. 型号 3. 材质	t	按设计图示或设备装箱单提供的重量计算	开箱清点、场内运输、外观检查、设备清洗、吊装、联结、安装就位、调整、固定及单体调试
y51406002	脱盐水泵	1. 名称 2. 型号 3. 规格 4. 压力 5. 输送介质			
y51406003	反洗过滤器	1. 规格 2. 型号 3. 材质			
y51406004	阀门设备	1. 名称 2. 规格 3. 型号 4. 安装高度			
y51406005	随设备带的能介机体管	1. 名称 2. 规格 3. 型号 4. 材质 5. 输送介质		按组成管道系统的管道、管件、阀门、法兰及支架的重量计算	开箱清点、场内运输、外观检查、管道、管道附件、支架安装、试压、吹扫、冲洗、酸洗、单体调试

E. 14. 7　其他设备　工程量清单项目设置及工程量计算规则，应按表 E. 14. 7 的规定执行。

表 E. 14. 7　其他设备（编码：y51407）

项目编码	项目名称	项目特征	计量单位	工程量计算规则	工 程 内 容
y51407001	其他设备	1. 规格 2. 型号 3. 材质	t	按设计图示或设备装箱单提供的重量计算	开箱清点、场内运输、外观检查、设备清洗、吊装、联结、安装就位、调整、固定及单体调试

E.15 空压站工程

E.15.1 空压站 工程量清单项目设置及工程量计算规则,应按表E.15.1的规定执行。

表E.15.1 空压站(编码:y51501)

项目编码	项目名称	项目特征	计量单位	工程量计算规则	工程内容
y51501001	空压机	1.规格 2.型号 3.材质 4.工作压力	t	按设计图示或设备装箱单提供的重量计算	开箱清点、场内运输、外观检查、设备清洗、吊装、联结、安装就位、调整、固定及单体调试
y51501002	稳压装置				
y51501003	过滤器				
y51501004	干燥机				
y51501005	氮气冷却器				
y51501006	氮压机				
y51501007	储气罐	1.规格 2.型号 3.材质 4.容积			
y51501008	泵类设备	1.名称 2.型号 3.规格 4.压力 5.输送介质			开箱清点、场内运输、外观检查、设备清洗、拆装检查、吊装、联结、安装就位、调整、固定及单体调试
y51501009	阀类设备	1.名称 2.规格 3.型号 4.安装高度			开箱清点、场内运输、外观检查、设备清洗、吊装、联结、安装就位、调整、固定及单体调试
y51501010	随设备带的能介机体管	1.名称 2.规格 3.型号 4.材质 5.输送介质		按组成管道系统的管道、管件、阀门、法兰及支架的重量计算	开箱清点、场内运输、外观检查、管道、管道附件、支架安装、试压、吹扫、冲洗、酸洗、单体调试

E.15.2　其他设备　工程量清单项目设置及工程量计算规则，应按表E.15.2的规定执行。

表E.15.2　其他设备(编码：y51502)

项目编码	项目名称	项目特征	计量单位	工程量计算规则	工程内容
y51502001	其他设备	1.名称 2.规格 3.型号 4.材质	t	按设计图示或设备装箱单提供的重量计算	开箱清点、场内运输、外观检查、设备清洗、吊装、联结、安装就位、调整、固定及设备本体的动负荷、静负荷试验

E.16　制　氧　设　备

E.16.1　空气分离系统　工程量清单项目设置及工程量计算规则，应按表E.16.1的规定执行。

表E.16.1　空气分离系统(编码：y51601)

项目编码	项目名称	项目特征	计量单位	工程量计算规则	工程内容
y51601001	空气过滤器	1.名称 2.型号 3.规格	t	按设计图示或设备装箱单提供的重量计算	开箱清点、场内运输、外观检查、设备清洗、吊装、联结、安装就位、调整、固定及设备本体的单体调试
y51601002	主空压机				
y51601003	热交换器				
y51601004	蒸馏器				
y51601005	冷却器				
y51601006	冷凝器				
y51601007	再沸器				
y51601008	分离器				
y51601009	蒸发器				
y51601010	粗氩塔				
y51601011	纯氩塔				
y51601012	产品塔				
y51601013	低压塔				
y51601014	高压塔				
y51601015	升压器				
y51601016	泵类设备				
y51601017	膨胀机				

续表 E.16.1

项目编码	项目名称	项目特征	计量单位	工程量计算规则	工程内容
y51601018	吸附器	1.名称 2.型号 3.规格	t	按设计图示或设备装箱单提供的重量计算	开箱清点、场内运输、外观检查、设备清洗、吊装、联结、安装就位、调整、固定及设备本体的单体调试
y51601019	消声器				
y51601020	设备钢结构				
y51601021	隔声罩				
y51601022	阀类设备				
y51601023	分子筛				
y51601024	填料	1.名称 2.规格 3.型号 4.安装高度	t/m^3	按设计图示以理论质量或体积计算	填充
y51601025	液压润滑设备	1.规格 2.材质 3.油箱容积 4.输送介质	t	按设计图示或设备装箱单提供的重量计算	开箱清点、场内运输、外观检查、设备清洗、润滑站设备(含储油箱、油泵、冷却器及自动控制器)、润滑点、分配阀安装至单体试车
y51601026	随设备带的液压润滑机体管道	1.名称 2.规格 3.型号 4.材质 5.输送介质		按组成管道系统的管道、管件、阀门、法兰及支架的重量计算	开箱清点、场内运输、外观检查、管道、管道附件、支架安装、试压、吹扫、冲洗、酸洗、单体调试
y51601027	随设备带的能介机体管				

E.16.2 制氧设备 工程量清单项目设置及工程量计算规则,应按表E.16.2的规定执行。

表 E.16.2 制氧设备(编码:y51602)

项目编码	项目名称	项目特征	计量单位	工程量计算规则	工程内容
y51602001	氧压机	1.名称 2.型号 3.规格	t	按设计图示或设备装箱单提供的重量计算	开箱清点、场内运输、外观检查、设备清洗、吊装、联结、安装就位、调整、固定及设备本体的单体调试
y51602002	冷却器				

E. 16. 3　氮压机　工程量清单项目设置及工程量计算规则，应按表 E. 16. 3 的规定执行。

表 E. 16. 3　氮压机（编码：y51603）

项目编码	项目名称	项目特征	计量单位	工程量计算规则	工 程 内 容
y51603001	氮压机	1. 名称 2. 型号 3. 规格	t	按设计图示或设备装箱单提供的重量计算	开箱清点、场内运输、外观检查、设备清洗、吊装、联结、安装就位、调整、固定及设备本体的单体调试
y51603002	消声器				
y51603003	氮气过滤器				
y51603004	阀类设备				

E. 16. 4　低温液体贮藏系统　工程量清单项目设置及工程量计算规则，应按表 E. 16. 4 的规定执行。

表 E. 16. 4　低温液体贮藏系统（编码：y51604）

项目编码	项目名称	项目特征	计量单位	工程量计算规则	工 程 内 容
y51604001	液氧罐	1. 名称 2. 型号 3. 规格	t	按设计图示或设备装箱单提供的重量计算	开箱清点、场内运输、外观检查、设备清洗、吊装、联结、安装就位、调整、固定及设备本体的单体调试
y51604002	液氮罐				
y51604003	液氩罐				
y51604004	蒸发器				
y51604005	填料	1. 名称 2. 规格 3. 型号 4. 安装高度	t/m^3	按设计图示以理论质量或体积计算	填充

E. 16. 5　其他设备　工程量清单项目设置及工程量计算规则，应按表 E. 16. 5 的规定执行。

表 E. 16. 5　其他设备（编码：y51605）

项目编码	项目名称	项目特征	计量单位	工程量计算规则	工 程 内 容
y51605001	其他设备	1. 名称 2. 型号 3. 规格	t	按设计图示或设备装箱单提供的重量计算	开箱清点、场内运输、外观检查、设备清洗、吊装、联结、安装就位、调整、固定及设备本体的单体调试

E.17 煤 气 柜 工 程

E.17.1 干式煤气柜 工程量清单项目设置及工程量计算规则，应按表E.17.1的规定执行。

表E.17.1 干式煤气柜(编码:y51701)

项目编码	项目名称	项目特征	计量单位	工程量计算规则	工 程 内 容
y51701001	煤气柜柜体	1.名称 2.规格 3.型号 4.密封形式	t	按设计图示尺寸以重量计算，不扣除孔眼、切边、切肢的重量；焊条、铆钉、螺栓等不另增加重量；不规则或多边形钢板，以其外接矩形面积乘以厚度以理论质量计算	厂内搬运、放样下料、剪切、坡口、平整、冷热成型、组对、焊接、矫正及探伤；胎具制作、安装、拆除
y51701002	密封油	1.品种		按设计图示重量计算	油品检验、场内运输、注油
y51701003	密封橡胶膜	1.型号 2.材质 3.规格	m^2	按设计图示尺寸以面积计算，不扣除孔眼、切边、切肢的面积；不规则或多边形，以其外接矩形面积计算	检验、场内运输、制作、安装
y51701004	阀类设备	1.名称 2.规格 3.型号 4.材质	t	按设计图示或设备装箱单提供的重量计算	开箱清点、场内运输、外观检查、设备清洗、吊装、联结、安装就位、调整、固定及设备本体的单体调试
y51701005	补偿器				
y51701006	柜容指示器		台	按设计图示数量计算	
y51701007	泵类设备		t	按设计图示或设备装箱单提供的重量计算	
y51701008	油水分离器				
y51701009	活塞导辊				
y51701010	活塞防水平回转装置				
y51701011	活塞密封装置				
y51701012	供油装置				

续表 E.17.1

项目编码	项目名称	项目特征	计量单位	工程量计算规则	工 程 内 容
y51701013	手动吊上救助装置	1. 型号 2. 参数	台	按设计图示数量计算	开箱清点、场内运输、外观检查、设备清洗、吊装、联结、安装就位、调整、固定及设备本体的单体调试
y51701014	气柜外部电梯	1. 型号 2. 载重量 3. 速度			
y51701015	气柜内部吊笼	1. 型号 2. 载重量 3. 速度 4. 方式			
y51701016	煤气柜本体及管道除锈、内外防腐	1. 除锈等级 2. 防腐种类 3. 涂刷要求 4. 漆膜厚度	m^2	工程实物量按管道的表面积计算，管道表面积计算公式为：$S=\pi DL$，式中，π为圆周率；D为管道直径；L为管道延长米	除锈、材料检验、运输、调配、涂刷
y51701017	柜体管道	1. 材质 2. 压力 3. 连接方式 4. 规格 5. 焊接要求	t	按组成管道系统的管道、管件、法兰的重量计算	包括管道、管件、法兰、普通垫片等安装及管道试压、脱脂、探伤检验、吹扫、冲洗
y51701018	柜体管道支架	1. 材质 2. 管架形式 3. 除锈 4. 刷油 5. 防腐		按设计图示尺寸以重量计算，不扣除孔眼、切边、切肢的重量；不规则或多边形钢板，以其外接矩形面积乘以厚度以理论质量计算	场内运输、制作、安装、除锈、刷油
y51701019	煤气柜整体试验	1. 名称 2. 规格 3. 型号	项		

E.17.2　湿式煤气柜　工程量清单项目设置及工程量计算规则，应按表E.17.2的规定执行。

表E.17.2　湿式煤气柜(编码：y51702)

项目编码	项目名称	项目特征	计量单位	工程量计算规则	工 程 内 容
y51702001	阀类设备	1.名称 2.规格 3.型号 4.安装高度 5.质量	t	按设计图示或设备装箱单提供的重量计算	开箱清点、场内运输、外观检查、设备清洗、吊装、联结、安装就位、调整、固定及单体调试
y51702002	泵类设备	1.名称 2.型号 3.规格 4.压力 5.输送介质 6.质量	台		开箱清点、场内运输、外观检查、设备清洗、拆装检查、吊装、联结、安装就位、调整、固定及单体调试
y51702003	湿式煤气柜本体	1.规格 2.构造形式 3.容量 4.材质	t	按设计图示尺寸以重量计算，不扣除孔眼、切边、切肢的重量；焊条、铆钉、螺栓等不另增加重量；不规则或多边形钢板，以其外接矩形面积乘以厚度以理论质量计算	厂内搬运、放样下料、剪切、坡口、平整、冷热成型、组对、焊接、矫正及探伤；胎具制作、安装、拆除
y51702004	煤气柜本体及管道除锈、内外防腐	1.除锈等级 2.防腐种类 3.涂刷要求 4.漆膜厚度	m^2	工程实物量按管道的表面积计算，管道表面积计算公式为：$S=\pi DL$，式中，π为圆周率；D为管道直径；L为管道延长米	除锈、材料检验、运输、调配、涂刷
y51702005	配重块	1.名称 2.规格 3.型号 4.材质	t	按设计图示或设备装箱单提供的重量计算	厂内搬运、安装

续表 E.17.2

项目编码	项目名称	项目特征	计量单位	工程量计算规则	工 程 内 容
y51702006	柜体管道	1.名称 2.规格 3.型号 4.输入介质	t	按组成管道系统的管道、管件、法兰、支架的重量计算	包括管道、管件、法兰、普通垫片等安装及管道试压、脱脂、探伤检验、吹扫、冲洗
y51702007	柜体管道支架	1.材质 2.管架形式 3.除锈 4.刷油 5.防腐	t	按设计图示尺寸以重量计算，不扣除孔眼、切边、切肢的重量；不规则或多边形钢板，以其外接矩形面积乘以厚度以理论质量计算	场内运输、制作、安装、除锈、刷油
y51702008	煤气柜整体试验	1.名称 2.规格 3.型号	项		

E.17.3　其他设备　工程量清单项目设置及工程量计算规则，应按表 E.17.3 的规定执行。

表 E.17.3　其他设备(编码：y51703)

项目编码	项目名称	项目特征	计量单位	工程量计算规则	工 程 内 容
y51703001	其他设备	1.名称 2.规格 3.型号 4.材质	t	按设计图示或设备装箱单提供的重量计算	开箱清点、场内运输、外观检查、管道、管道附件、支架安装、试压、吹扫、冲洗、探伤检验全部

E.18　其 他 设 备 安 装

E.18.1　通风空调设备　工程量清单项目设置及工程量计算规则，应按表 E.18.1 的规定执行。

表 E.18.1　通风空调设备(编码：y51801)

项目编码	项目名称	项目特征	计量单位	工程量计算规则	工 程 内 容
y51801001	空气加热器(冷却器)	1.名称 2.型号 3.规格 4.材质	t	按设计图示或设备装箱单提供的重量计算	开箱清点、场内运输、外观检查、设备清洗、吊装、联结、安装就位、调整、固定及设备本体的单体调试
y51801002	离心式通风机				
y51801003	轴流式通风机				

续表 E.18.1

项目编码	项目名称	项目特征	计量单位	工程量计算规则	工 程 内 容
y51801004	屋顶风机	1.名称 2.型号 3.规格 4.材质	t	按设计图示或设备装箱单提供的重量计算	开箱清点、场内运输、外观检查、设备清洗、吊装、联结、安装就位、调整、固定及设备本体的单体调试
y51801005	消声器				
y51801006	卫生间通风器		台	按设计图示或设备装箱单提供的数量计算	
y51801007	工业空调器				
y51801008	空调器				
y51801009	过滤器				
y51801010	吊扇				
y51801011	阀类设备			按设计图示或设备装箱单提供的重量计算	
y51801012	随设备带的中间配管	1.名称 2.规格 3.型号 4.材质 5.输送介质	t	按组成管道系统的管道、管件、阀门、法兰及支架的重量计算	开箱清点、场内运输、外观检查、管道、管道附件、支架安装、试压、吹扫、冲洗、酸洗、单体调试
y51801013	其他设备	1.名称 2.型号 3.规格 4.材质		按设计图示或设备装箱单提供的重量计算	开箱清点、场内运输、外观检查、设备清洗、吊装、联结、安装就位、调整、固定及单体调试

E.18.2 起重运输设备 工程量清单项目设置及工程量计算规则,应按表 E.18.2 的规定执行。

表 E.18.2 起重运输设备(编码:y51802)

项目编码	项目名称	项目特征	计量单位	工程量计算规则	工 程 内 容
y51802001	桥式起重机	1.型号 2.起重量 3.跨度 4.标高	t	按设计图示或设备装箱单提供的重量计算	开箱清点、场内运输、外观检查、设备清洗、吊装、联结、安装就位、调整、固定及设备本体的动负荷、静负荷试验
y51802002	门式起重机				
y51802003	梁式起重机				
y51802004	悬挂式起重机				
y51802005	双小车起重机				
y51802006	电动葫芦		台		
y51802007	单轨小车			按设计图示或设备装箱单提供的数量计算	

E. 18. 3 消防设备 工程量清单项目设置及工程量计算规则，应按表 E. 18. 3 的规定执行。

表 E. 18. 3 消防设备(编码：y51803)

项目编码	项目名称	项目特征	计量单位	工程量计算规则	工程内容
y51803001	水灭火系统	1. 规格 2. 型号 3. 连接方式 4. 质量 5. 安装部位	套	按设计图示或设备装箱单提供的数量计算	报警装置、温感式水幕、水流指示器、末端试水装置、消防水泵结合器、隔膜式气压水罐安装至单体调试等全部
y51803002	气体灭火系统				气动装置、除尘装置、二氧化碳称量检漏装置、泡沫发生器及混合器、泡沫集气罐、泡沫液贮罐安装至单体调试等全部
y51803003	灭火自动报警系统	1. 规格 2. 型号 3. 连接方式 4. 质量 5. 控制点数 6. 输出方式			点、线型探测器、按钮、模块、报警控制器、联动控制器、报警联动一体机、重复显示器、报警装置、远程控制器安装至单体调试等全部

E. 18. 4 其他设备 工程量清单项目设置及工程量计算规则，应按表 E. 18. 4 的规定执行。

表 E. 18. 4 其他设备(编码：y51804)

项目编码	项目名称	项目特征	计量单位	工程量计算规则	工程内容
y51804001	其他设备	1. 名称 2. 规格 3. 型号 4. 材质	t	按设计图示或设备装箱单提供的重量计算	开箱清点、场内运输、外观检查、设备清洗、吊装、联结、安装就位、调整、固定及设备本体的动负荷、静负荷试验

附录F　电气设备安装工程工程量清单项目及计算规则

F.1　变压器工程

F.1.1　变压器　工程量清单项目设置及工程量计算规则，应按表F.1.1的规定执行。

表F.1.1　变压器(编码：y60101)

项目编码	项目名称	项目特征	计量单位	工程量计算规则	工程内容
y60101001	变压器	1.名称 2.型号[或一、二次侧电压等级(kV/kV)] 3.容量(kV·A)	台	按设计图示数量计算	本体就位、附件安装、充油滤油、常规油检验、4000kV·A以内变压器抽芯、试验和调试
y60101002	消弧线圈				
y60101003	组合型成套箱式变电站	1.名称 2.型号 3.外形尺寸和重量 4.进线和馈线回路数			整体就位、试验和调试

F.2　配电装置工程

F.2.1　配电装置　工程量清单项目设置及工程量计算规则，应按表F.2.1的规定执行。

表F.2.1　配电装置(编码：y60201)

项目编码	项目名称	项目特征	计量单位	工程量计算规则	工程内容
y60201001	GIS封闭式组合电器	1.名称 2.型号[或电压等级(kV)] 3.容量(A) 4.气体成分 5.进线、出线、母联(单/双)、电压互感器	台	按设计图示数量计算	本体就位组合、附件组装、机构和联锁检查、吹扫抽气充气、气体泄漏试验、含水量检查、试验和调试

续表 F.2.1

项目编码	项目名称	项目特征	计量单位	工程量计算规则	工程内容
y60201002	10kV 及以上的断路器	1.名称 2.型号[或电压等级(kV)] 3.容量(A) 4.绝缘介子	台	按设计图示数量计算	解体检查、组合、固定及调整、机构和联锁检查、注入绝缘介子、试验和调试
y60201003	10kV 及以上的隔离/负荷开关	1.名称 2.型号[或电压等级(kV)] 3.容量(A)	组		安装固定调整、拉杆安装、机构和联锁检查、试验和调试
y60201004	10kV 及以上的高压熔断器				基座及绝缘瓷瓶安装、本体安装、检查
y60201005	10kV 及以上的穿墙套管		个		
y60201006	10kV 及以上的互感器	1.名称 2.型号[或电压等级(kV)] 3.类型	台		本体安装、试验
y60201007	10kV 及以上的电容器		个		
y60201008	10kV 及以上的避雷器		组		
y60201009	10kV 及以上的电抗器	1.名称 2.型号[或电压等级(kV)] 3.质量			
y60201010	10kV 及以上的滤波装置				
y60201011	重型母线导管	1.型号 2.电压等级(kV) 3.容量 4.安装方式(支架、吊架)	t		铁构件安装、母线导管安装、母线和伸缩器及导板安装、绝缘瓷瓶安装、补漆、试验

续表 F.2.1

项目编码	项目名称	项目特征	计量单位	工程量计算规则	工 程 内 容
y60201012	母线成套配电柜(单母/双母)	1.名称 2.型号[或电压等级(kV)] 3.断路器数	台	1.断路器柜按回路计算 2.其他电气柜按台数计算	柜体安装、母线连接、电器(断路器、互感器、电容器、避雷器、电抗器等)试验和调试
y60201013	电源盘	1.名称 2.型号[或电压等级(kV)] 3.容量(A)			盘柜箱安装、断路器和开关检查、送电检查
y60201014	配电箱				
y60201015	插座箱				
y60201016	蓄电池盘(柜)	1.名称 2.型号[或电压等级(kV)]			盘柜和蓄电池安装、母线连板连接、充放电试验、馈电回路送电检查
y60201017	直流充电、馈电器盘(柜)				
y60201018	不间断电源盘(柜)				
y60201019	蓄电池		个		
y60201020	中性点接地盘(柜)	1.名称 2.型号[或电压等级(kV)] 3.检测数量	台	按设计图示数量计算	盘柜箱安装、阻值测试
y60201021	接地电阻检测箱				

F.3 供电系统计量和保护设备工程

F.3.1 供电系统计量和保护设备 工程量清单项目设置及工程量计算规则,应按表F.3.1的规定执行。

表F.3.1 供电系统计量和保护设备(编码:y60301)

项目编码	项目名称	项目特征	计量单位	工程量计算规则	工 程 内 容
y60301001	计量盘(柜)	1.名称 2.型号 3.类别 4.功能及回路数量	台	按设计图示数量计算	盘柜箱和装置安装、参数设定、功能回路测试、调试
y60301002	继电保护盘(柜)				
y60301003	变送器盘(柜)				
y60301004	集控盘(柜)				
y60301005	智能监视/控制/保护装置				
y60301006	其他装置				

F.4　电机控制设备工程

F.4.1　电机控制设备　工程量清单项目设置及工程量计算规则，应按表F.4.1的规定执行。

表F.4.1　电机控制设备(编码:y60401)

项目编码	项目名称	项目特征	计量单位	工程量计算规则	工程内容
y60401001	硅整流柜	1.名称 2.型号 3.容量(A)	台	按设计图示数量计算	盘柜箱安装、电器检查、调整检验
y60401002	可控硅整流柜				
y60401003	励磁/灭磁盘	1.名称 2.型号 3.规格			
y60401004	电机控制盘(柜)	1.名称 2.型号[或电压等级(kV)] 3.规格			盘柜箱安装
y60401005	电机启动盘(柜)				
y60401006	电机调速盘(柜)				
y60401007	电机保护盘(柜)				
y60401008	电机控制中心(MCC柜)				
y60401009	控制盘	1.名称 2.型号 3.规格			
y60401010	操作台				
y60401011	中继端子盘(箱)				
y60401012	接地、短路检测盘(柜)	1.名称 2.型号			盘柜箱安装、电器检查、测试
y60401013	电阻/电抗/电容器装置	1.名称 2.型号[或电压等级(kV)] 3.类别 4.容量(A)、(kW) 5.质量	组		盘柜箱安装、电器检查
y60401014	快速切断装置				
y60401015	机旁控制、操作盘(箱)	1.名称 2.型号 3.规格 4.防护等级	台		本体安装
y60401016	保护开关盘(箱)				
y60401017	控制、非常紧停按钮(或开关)		个		本体安装、本体测试
y60401018	测速发电机				
y60401019	信号发生器				
y60401020	光电、感应检测器				

F.5　其他专业相关设备工程

F.5.1　其他专业相关设备　工程量清单项目设置及工程量计算规则，应按表F.5.1的规定执行。

表F.5.1　其他专业相关设备(编码：y60501)

项目编码	项目名称	项目特征	计量单位	工程量计算规则	工 程 内 容
y60501001	3kW以下电机	1.名称 2.型号[或电压等级(kV)] 3.容量(kW) 4.防护等级 5.启动方式 6.调速方式 7.保护方式	台	按图示数量计算	本体检查接线、本体绝缘试验、控制和保护回路试验、空载试运转、电气系统调试
y60501002	直流电机				
y60501003	交流电机				
y60501004	发电机				
y60501005	电动/电磁阀				
y60501006	集中供脂装置				
y60501007	制动器				
y60501008	自动清扫器	1.名称 2.型号 3.规格 4.防护等级	个		检查接线、电气调试、配合机械专业定位
y60501009	防火门、卷帘门装置				
y60501010	风机、水泵(机电一体)				
y60501011	空调				
y60501012	冷却塔				
y60501013	空气加热器、冷却器				
y60501014	跑偏/打滑/槽堵/异常检测装置				
y60501015	限位开关				

F.6　成套设备电气工程

F.6.1　成套设备电气　工程量清单项目设置及工程量计算规则，应按表 F.6.1 的规定执行。

表 F.6.1　成套设备电气(编码：y60601)

项目编码	项目名称	项目特征	计量单位	工程量计算规则	工 程 内 容
y60601001	电捕焦油器	1.名称 2.型号 3.控制、调速方式 4.通讯方式	套	按图示数量计算	电控设备安装、机体(机旁)电控设备至电器的随机缆线安装、调试
y60601002	电除尘器				
y60601003	电弧炉电极装置				
y60601004	钢包台车				
y60601005	磨煤机				
y60601006	装煤车				
y60601007	推焦车				
y60601008	拦焦车				
y60601009	熄焦车				
y60601010	堆、取料机				
y60601011	破碎机				
y60601012	振动筛				
y60601013	给料机				
y60601014	翻车机				
y60601015	铁水、渣罐车				
y60601016	刮泥、刮油机				
y60601017	称量台车				
y60601018	揭盖机				
y60601019	运锭车				
y60601020	吸尘车				
y60601021	炉门装置				
y60601022	加药装置				
y60601023	桥式起重机	1.名称 2.型号 3.起重量(t) 4.控制、调速方式 5.通讯方式	台		
y60601024	门式起重机				
y60601025	梁式起重机				
y60601026	悬挂式起重机				
y60601027	双小车起重机				
y60601028	电动葫芦				
y60601029	单轨小车				
y60601030	柴油发电机	1.名称 2.型号 3.功率			
y60601031	空压机				

F.7 800kW及以上电机安装工程

F.7.1 800kW及以上电机安装 工程量清单项目设置及工程量计算规则，应按表F.7.1的规定执行。

表F.7.1 800kW及以上电机安装(编码:y60701)

项目编码	项目名称	项目特征	计量单位	工程量计算规则	工程内容
y60701001	电机联轴器	1.名称 2.规格 3.质量(t)	个	按图示数量计算	清洗、本体落位设定、找平找正
y60701002	电机冷却器				清扫、打压、铜带检查、定子连接、安装风叶、清洗轴承
y60701003	轴承座				清洗、毛刺处理、测量、本体安装
y60701004	整体电机	1.名称 2.型号 3.质量(t) 4.有无行车	台		清洗、本体落位、找平找正、定心
y60701005	分体电机				清洗、定子组装落位、找平找正、转子穿芯、找平找正、定心
y60701006	消声罩				本体组装、本体落位安装、调整

F.8 过程检测仪表工程

F.8.1 温度仪表 工程量清单项目设置及工程量计算规则，应按表F.8.1的规定执行。

表F.8.1 温度仪表(编码:y60801)

项目编码	项目名称	项目特征	计量单位	工程量计算规则	工程内容
y60801001	温度仪表	1.名称 2.类型 3.规格 4.功能	支	按设计图示数量计算	本体就位、单体调试

F.8.2　压力仪表　工程量清单项目设置及工程量计算规则，应按表 F.8.2 的规定执行。

表 F.8.2　压力仪表(编码：y60802)

项目编码	项目名称	项目特征	计量单位	工程量计算规则	工 程 内 容
y60802001	压力仪表	1. 名称 2. 类型 3. 规格 4. 安装位置	台	按设计图示数量计算	本体就位、单体调试

F.8.3　差压流量仪表　工程量清单项目设置及工程量计算规则，应按表 F.8.3 的规定执行。

表 F.8.3　差压流量仪表(编码：y60803)

项目编码	项目名称	项目特征	计量单位	工程量计算规则	工 程 内 容
y60803001	流量仪表	1. 名称 2. 类型 3. 规格 4. 连接方式	台	按设计图示数量计算	本体就位、单体调试

F.8.4　物位仪表　工程量清单项目设置及工程量计算规则，应按表 F.8.4 的规定执行。

表 F.8.4　物位仪表(编码：y60804)

项目编码	项目名称	项目特征	计量单位	工程量计算规则	工 程 内 容
y60804001	物位仪表	1. 名称 2. 类型 3. 规格	台	按设计图示数量计算	本体就位、单体调试

F.8.5　显示仪表　工程量清单项目设置及工程量计算规则，应按表 F.8.5 的规定执行。

表 F.8.5　显示仪表(编码：y60805)

项目编码	项目名称	项目特征	计量单位	工程量计算规则	工 程 内 容
y60805001	显示仪表	1. 名称 2. 类型 3. 功能	台	按设计图示数量计算	表盘开孔、本体安装、校接线

F.8.6　节流装置　工程量清单项目设置及工程量计算规则，应按表 F.8.6 的规定执行。

表 F.8.6　节流装置(编码：y60806)

项目编码	项目名称	项目特征	计量单位	工程量计算规则	工 程 内 容
y60806001	节流装置	1. 名称 2. 类型 3. 节流装置规格(公称直径)	个	按设计图示数量计算	本体就位、单体调试

F.9 过程控制仪表工程

F.9.1 变送单元仪表 工程量清单项目设置及工程量计算规则，应按表F.9.1的规定执行。

表F.9.1 变送单元仪表(编码:y60901)

项目编码	项目名称	项目特征	计量单位	工程量计算规则	工 程 内 容
y60901001	变送单元仪表	1.名称 2.类型 3.功能	台	按设计图示数量计算	本体就位、单体调试

F.9.2 显示单元仪表 工程量清单项目设置及工程量计算规则，应按表F.9.2的规定执行。

表F.9.2 显示单元仪表(编码:y60902)

项目编码	项目名称	项目特征	计量单位	工程量计算规则	工 程 内 容
y60902001	显示单元仪表	1.名称 2.类型 3.功能	台	按设计图示数量计算	表盘开孔、本体安装、校接线

F.9.3 调节单元仪表 工程量清单项目设置及工程量计算规则，应按表F.9.3的规定执行。

表F.9.3 调节单元仪表(编码:y60903)

项目编码	项目名称	项目特征	计量单位	工程量计算规则	工 程 内 容
y60903001	调节单元仪表	1.名称 2.类型 3.功能	台	按设计图示数量计算	表盘开孔、本体安装、单体调试、校接线

F.9.4 计算机单元仪表 工程量清单项目设置及工程量计算规则，应按表F.9.4的规定执行。

表F.9.4 计算机单元仪表(编码:y60904)

项目编码	项目名称	项目特征	计量单位	工程量计算规则	工 程 内 容
y60904001	计算单元仪表	1.名称 2.类型 3.功能	台	按设计图示数量计算	表盘开孔、本体安装、单体调试、校接线

F.9.5　给定单元仪表　工程量清单项目设置及工程量计算规则，应按表F.9.5的规定执行。

表F.9.5　给定单元仪表(编码:y60905)

项目编码	项目名称	项目特征	计量单位	工程量计算规则	工 程 内 容
y60905001	给定单元仪表	1.名称 2.类型 3.功能	台	按设计图示数量计算	表盘开孔、本体安装、单体调试、校接线

F.9.6　转换单元仪表　工程量清单项目设置及工程量计算规则，应按表F.9.6的规定执行。

表F.9.6　转换单元仪表(编码:y60906)

项目编码	项目名称	项目特征	计量单位	工程量计算规则	工 程 内 容
y60906001	转换单元仪表	1.名称 2.类型 3.功能	台	按设计图示数量计算	表盘开孔、本体安装、单体调试、校接线

F.9.7　辅助单元仪表　工程量清单项目设置及工程量计算规则，应按表F.9.7的规定执行。

表F.9.7　辅助单元仪表(编码:y60907)

项目编码	项目名称	项目特征	计量单位	工程量计算规则	工 程 内 容
y60907001	辅助单元仪表	1.名称 2.类型 3.功能	台	按设计图示数量计算	本体安装、单体调试、校接线

F.9.8　取源部件　工程量清单项目设置及工程量计算规则，应按表F.9.8的规定执行。

表F.9.8　取源部件(编码:y60908)

<table>
<tr><th>项目编码</th><th>项目名称</th><th>项目特征</th><th>计量单位</th><th>工程量计算规则</th><th>工 程 内 容</th></tr>
<tr><td>y60908001</td><td>取源部件</td><td rowspan="2">1.名称
2.类型
3.功能</td><td>个</td><td rowspan="2">按设计图示数量计算</td><td>一次部件安装、管道开孔、连接</td></tr>
<tr><td>y60908002</td><td>取样冷却器</td><td>台</td><td>一次部件制作、安装、管道开孔、连接</td></tr>
</table>

F.9.9 综合控制仪表 工程量清单项目设置及工程量计算规则，应按表F.9.9的规定执行。

表F.9.9 综合控制仪表(编码:y60909)

项目编码	项目名称	项目特征	计量单位	工程量计算规则	工程内容
y60909001	综合控制仪表	1.名称 2.功能	件	按设计图示数量计算	本体安装、单体调试、校接线

F.9.10 执行调节仪表 工程量清单项目设置及工程量计算规则，应按表F.9.10的规定执行。

表F.9.10 执行调节仪表(编码:y60910)

项目编码	项目名称	项目特征	计量单位	工程量计算规则	工程内容
y60910001	执行调节仪表	1.名称 2.类型 3.功能 4.规格	台	按设计图示数量计算	本体安装、单体调试

F.10 分析和检测仪表工程

F.10.1 分析仪表 工程量清单项目设置及工程量计算规则，应按表F.10.1的规定执行。

表F.10.1 分析仪表(编码:y61001)

项目编码	项目名称	项目特征	计量单位	工程量计算规则	工程内容
y61001001	分析仪表	1.名称 2.类型 3.功能	套	按设计图示数量计算	本体安装、单体调试

F.10.2 特殊预处理装置 工程量清单项目设置及工程量计算规则，应按表F.10.2的规定执行。

表F.10.2 特殊预处理装置(编码:y61002)

项目编码	项目名称	项目特征	计量单位	工程量计算规则	工程内容
y61002001	特殊预处理装置:烟道脏气/重油分析取样	1.名称 2.类型	套	按设计图示数量计算	本体安装、单体调试
y61002002	特殊预处理装置:腐蚀性组分取样				

续表 F. 10. 2

项目编码	项目名称	项目特征	计量单位	工程量计算规则	工 程 内 容
y61002003	特殊预处理装置:高黏度脏物取样	1. 名称 2. 类型	套	按设计图示数量计算	本体安装、单体调试
y61002004	特殊预处理装置:炉气、高温气体取样	1. 名称 2. 类型 3. 测量点数量			
y61002005	特殊预处理装置:环境检测取样				

F. 10. 3 自动分析装置 工程量清单项目设置及工程量计算规则,应按表 F. 10. 3 的规定执行。

表 F. 10. 3 自动分析装置(编码:y61003)

项目编码	项目名称	项目特征	计量单位	工程量计算规则	工 程 内 容
y61003001	自动分析装置:分析装置	1. 名称 2. 类型 3. 功能	套	按设计图示数量计算	本体安装、单体调试
y61003002	自动分析装置:微机 pH 值电导控制装置				

F. 10. 4 气象、环保检测仪表 工程量清单项目设置及工程量计算规则,应按表 F. 10. 4 的规定执行。

表 F. 10. 4 气象、环保检测仪表(编码:y61004)

项目编码	项目名称	项目特征	计量单位	工程量计算规则	工 程 内 容
y61004001	气象、环保检测及装置	1. 名称 2. 功能	套	按设计图示数量计算	本体安装、单体调试

F. 10. 5 安全监测装置 工程量清单项目设置及工程量计算规则,应按表 F. 10. 5 的规定执行。

表 F. 10. 5 安全监测装置(编码:y61005)

项目编码	项目名称	项目特征	计量单位	工程量计算规则	工 程 内 容
y61005001	安全监测装置	1. 名称 2. 类型 3. 功能	套	按设计图示数量计算	本体安装、单体调试

F.11 机械测量仪表工程

F.11.1 测宽测厚仪表 工程量清单项目设置及工程量计算规则,应按表F.11.1的规定执行。

表F.11.1 测宽测厚仪表(编码:y61101)

项目编码	项目名称	项目特征	计量单位	工程量计算规则	工程内容
y61101001	测宽测厚仪表	1.名称 2.类型 3.功能 4.规格	套	按设计图示数量计算	本体安装、系统试验

F.11.2 旋转机械检测仪表 工程量清单项目设置及工程量计算规则,应按表F.11.2的规定执行。

表F.11.2 旋转机械检测仪表(编码:y61102)

项目编码	项目名称	项目特征	计量单位	工程量计算规则	工程内容
y61102001	旋转机械检测仪表	1.名称 2.类型 3.功能 4.规格	套	按设计图示数量计算	本体安装、系统试验

F.11.3 称重装置 工程量清单项目设置及工程量计算规则,应按表F.11.3的规定执行。

表F.11.3 称重装置(编码:y61103)

项目编码	项目名称	项目特征	计量单位	工程量计算规则	工程内容
y61103001	称重装置:电子式称重装置传感器	1.名称 2.类型 3.功能 4.规格	套	按设计图示数量计算	本体安装、系统试验
y61103002	称重装置:电子皮带秤				
y61103003	称重装置:可编程装袋称重装置				
y61103004	称重装置:称重显示装置				

F.12　工 业 电 视 工 程

F.12.1　工业电视　工程量清单项目设置及工程量计算规则，应按表F.12.1的规定执行。

表F.12.1　工业电视(编码:y61201)

项目编码	项目名称	项目特征	计量单位	工程量计算规则	工 程 内 容
y61201001	摄像机	1.名称 2.型号 3.安装高度	台	按设计图示数量计算	本体安装、单元检查、电源检查、功能检查、调试
y61201002	照明装置				本体安装、电源检查
y61201003	电动云台				本体(不包括支架)安装、电源检查、调试
y61201004	吹扫装置				本体安装、介子管道连接、功能试验
y61201005	冷却装置				
y61201006	显示器	1.名称 2.型号 3.安装方式			本体(不包括支架)安装、单元检查、电源检查、功能检查、调试、系统调试
y61201007	视频分配器	1.名称 2.型号	个		
y61201008	线路放大器				
y61201009	分支器				
y61201010	矩形切换器				
y61201011	均衡器、衰减器				
y61201012	室外编码器				

F.13 自动控制与集中监控设备工程

F.13.1 自动控制与集中监控设备 工程量清单项目设置及工程量计算规则,应按表F.13.1的规定执行。

表F.13.1 自动控制与集中监控设备(编码:y61301)

<table>
<tr><th>项目编码</th><th>项目名称</th><th>项目特征</th><th>计量单位</th><th>工程量计算规则</th><th>工 程 内 容</th></tr>
<tr><td>y61301001</td><td>顺序控制装置</td><td>1.名称
2.型号
3.质量或规格
4.控制方式</td><td rowspan="5">套</td><td rowspan="10">按设计图示数量计算</td><td rowspan="7">本体安装、功能检查、程序运行、系统调试</td></tr>
<tr><td>y61301002</td><td>顺序控制装置:智能数字</td><td rowspan="5">1.名称
2.功能
3.点数(点)</td></tr>
<tr><td>y61301003</td><td>顺序控制装置:继电器联锁保护</td></tr>
<tr><td>y61301004</td><td>顺序控制装置:矩阵编程逻辑监控</td></tr>
<tr><td>y61301005</td><td>顺序控制装置:插件式逻辑监控</td></tr>
<tr><td>y61301006</td><td>信号报警装置:继电器/微机多功能组件/微机自容式</td><td rowspan="2">台/个</td></tr>
<tr><td>y61301007</td><td>信号报警装置:闪光/可编程蜂鸣器/音响设备</td><td>1.名称
2.功能
3.回路数(回路)</td></tr>
<tr><td>y61301008</td><td>数据采集、巡回检测装置</td><td>1.名称
2.点数</td><td>套</td><td>本体安装、功能测试、系统调试</td></tr>
<tr><td>y61301009</td><td>继电器、组件机柜(箱)</td><td>1.名称
2.规格</td><td rowspan="2">台</td><td>本体安装</td></tr>
<tr><td>y61301010</td><td>信号屏/模拟屏/大屏幕</td><td>1.名称
2.规格
3.质量</td><td>本体安装、硬件检查</td></tr>
</table>

续表 F.13.1

项目编码	项目名称	项目特征	计量单位	工程量计算规则	工 程 内 容
y61301011	可编程序逻辑控制(PLC):主机柜	1.名称 2.型号 3.数字量(点) 4.模拟量(点) 5.脉冲量(点) 6.功能	套	按设计图示数量计算	1.共同部分:本体和组件安装、电源检查、硬件通电测试 2.控制和操作:硬件调试、系统软件复元、组态内容检查、应用软件配合调试、功能测试、系统试验 3.I/O:信号点至I/O接口回路测试、现场信号与应用软件主调方交接 4.与其他设备接口:与上位机和其他系统设备接口测试 5.外部设备:功能测试
y61301012	可编程序逻辑控制(PLC):电源				
y61301013	可编程序逻辑控制(PLC):编程器				
y61301014	可编程序逻辑控制(PLC):扩展盘柜		台		
y61301015	可编程序逻辑控制(PLC):I/O组件				
y61301016	可编程序逻辑控制(PLC):智能接口装置				
y61301017	可编程序逻辑控制(PLC):与其他设备接口				
y61301018	可编程序逻辑控制(PLC):其他外围设备				
y61301019	可编程序逻辑控制(PLC):外部设备				
y61301020	直接数字控制系统(DCC):工控机			按设计图示数量或设备清单计算	
y61301021	直接数字控制系统(DCC):数据采集装置				

续表 F.13.1

项目编码	项目名称	项目特征	计量单位	工程量计算规则	工 程 内 容
y61301022	直接数字控制系统（DCC）：I/O装置	1.名称 2.型号 3.数字量（点） 4.模拟量（点） 5.脉冲量（点） 6.功能	台	按设计图示数量或设备清单计算	1.共同部分：本体和组件安装、电源检查、硬件通电测试 2.控制和操作：硬件调试、系统软件复元、组态内容检查、应用软件配合调试、功能测试、系统试验 3.I/O：信号点至I/O接口回路测试、现场信号与应用软件主调方交接 4.与其他设备接口：与上位机和其他系统设备接口测试 5.外部设备：功能测试
y61301023	直接数字控制系统（DCC）：操作控制台				
y61301024	直接数字控制系统（DCC）：与其他设备接口				
y61301025	直接数字控制系统（DCC）：其他外围设备				
y61301026	直接数字控制系统（DCC）：外部设备				
y61301027	小规模集散系统（DCS）：控制站-现场控制器				
y61301028	集散系统（DCS）：控制站-简易操作台				
y61301029	集散系统（DCS）：控制站-终端板				
y61301030	集散系统（DCS）：控制站-回路显示器				
y61301031	集散系统（DCS）：监视站-数据采集装置				
y61301032	集散系统（DCS）：操作站-模拟调节器				

续表 F.13.1

项目编码	项目名称	项目特征	计量单位	工程量计算规则	工　程　内　容
y61301033	集散系统(DCS):操作站-CRT操作台	1. 名称 2. 型号 3. 数字量(点) 4. 模拟量(点) 5. 脉冲量(点) 6. 功能	台	按设计图示数量或设备清单计算	1. 共同部分:本体和组件安装、电源检查、硬件通电测试 2. 控制和操作:硬件调试、系统软件复元、组态内容检查、应用软件配合调试、功能测试、系统试验 3. I/O:信号点至I/O接口回路测试、现场信号与应用软件主调方交接 4. 与其他设备接口:与上位机和其他系统设备接口测试 5. 外部设备:功能测试
y61301034	集散系统(DCS):数据站-数据存贮设备				
y61301035	集散系统(DCS):信号变换器				
y61301036	集散系统(DCS):I/O组件				
y61301037	集散系统(DCS):与其他设备接口				
y61301038	集散系统(DCS):其他外围设备				
y61301039	集散系统(DCS):其他外部设备				
y61301040	集散系统(DCS):数据总线	1. 型号 2. 规格 3. 根数	m		成端线缆和光纤敷设、连接(不包括非成端的线缆和光纤接头制作)
y61301041	现场总线控制系统(FCS):操作站-服务器	1. 型号 2. 功能	台		本体设备安装、硬件测试、功能检查、应用软件配合调试、功能测试、系统试验
y61301042	现场总线控制系统(FCS):操作站-网桥				
y61301043	现场总线控制系统(FCS):操作站-外围设备				

续表 F.13.1

项目编码	项目名称	项目特征	计量单位	工程量计算规则	工 程 内 容
y61301044	现场总线控制系统(FCS):操作站-外部设备	1. 型号 2. 功能	台	按设计图示数量或设备清单计算	本体设备安装、硬件测试、功能检查、应用软件配合调试、功能测试、系统试验
y61301045	现场总线控制系统(FCS):低速总线	1. 型号 2. 规格 3. 根数	m		成端线缆和光纤敷设、连接(不包括非成端的线缆和光纤接头制作)
y61301046	现场总线控制系统(FCS):高速总线				
y61301047	现场总线控制系统(FCS):变送器	1. 型号 2. 功能	台		本体安装、设备检测、信号回路测试、现场信号与应用软件主调方交接
y61301048	现场总线控制系统(FCS):执行器				
y61301049	现场总线控制系统(FCS):转换器				
y61301050	现场总线控制系统(FCS):总线安全栅				
y61301051	现场总线控制系统(FCS):其他智能仪表				

F.14 计算机设备工程

F.14.1 计算机设备 工程量清单项目设置及工程量计算规则，应按表F.14.1的规定执行。

表F.14.1 计算机设备（编码：y61401）

项目编码	项目名称	项目特征	计量单位	工程量计算规则	工程内容
y61401001	计算机机柜	1.名称 2.型号 3.规格 4.功能	台	按设计图示数量或设备清单计算	本体设备安装、接线、硬件检查
y61401002	操作和报警显示台柜				
y61401003	局域网交换机				
y61401004	通讯控制器				
y61401005	个人计算机				
y61401006	CRT显示装置				
y61401007	数据存贮设备				
y61401008	光端机				
y61401009	防火墙设备				
y61401010	打印机				
y61401011	其他设备				
y61401012	网络集线器		个		
y61401013	路由器				
y61401014	调试解调器				
y61401015	信息插座盒				本体安装、压接线、回路测试
y61401016	信息模块				
y61401017	电缆跳线		条		成端线缆和光纤敷设、连接(不包括非成端的线缆和光纤接头制作)
y61401018	光纤跳线				

F.15 计算机系统调试工程

F.15.1 计算机系统调试 工程量清单项目设置及工程量计算规则，应按表F.15.1的规定执行。

表F.15.1 计算机系统调试(编码：y61501)

项目编码	项目名称	项目特征	计量单位	工程量计算规则	工 程 内 容
y61501001	过程计算机：主机	1.名称 2.型号 3.类型 4.功能	台	按设计图示数量或设备清单计算	电源检查、硬件通电测试、网络系统测试、系统软件复原、系统测试、应用软件配合调试
y61501002	过程计算机：网络设备				
y61501003	过程计算机：用户终端				
y61501004	过程计算机：其他外围设备				
y61501005	过程计算机：其他外部设备				
y61501006	过程计算机：系统软件	1.名称 2.类型 3.功能	套		
y61501007	过程计算机：应用软件				
y61501008	管理计算机：主机	1.名称 2.型号 3.类型 4.功能	台		
y61501009	管理计算机：局域网交换机				
y61501010	管理计算机：网络设备				
y61501011	过程计算机：其他外围设备				
y61501012	过程计算机：其他外部设备				
y61501013	管理计算机：用户终端				
y61501014	管理计算机：系统软件	1.名称 2.类型 3.功能	套		
y61501015	管理计算机：应用软件				

F.16 电讯设备工程

F.16.1 电讯设备 工程量清单项目设置及工程量计算规则，应按表F.16.1的规定执行。

表F.16.1 电讯设备(编码：y61601)

<table>
<tr><th>项目编码</th><th>项目名称</th><th>项目特征</th><th>计量单位</th><th>工程量计算规则</th><th>工 程 内 容</th></tr>
<tr><td>y61601001</td><td>总/交接间配线架</td><td rowspan="4">1.名称
2.型号
3.规格
4.容量</td><td>架</td><td rowspan="12">按设计图示数量计算</td><td>安装、穿线板、滑梯</td></tr>
<tr><td>y61601002</td><td>端子板</td><td rowspan="2">块</td><td rowspan="3">安装、接线</td></tr>
<tr><td>y61601003</td><td>保安排、试线排</td></tr>
<tr><td>y61601004</td><td>保安配线箱</td><td>台</td></tr>
<tr><td>y61601005</td><td>机房信号设备</td><td rowspan="4">1.名称
2.型号
3.规格</td><td>盘</td><td>安装、试通</td></tr>
<tr><td>y61601006</td><td>总配线架、中间配线架跳线</td><td rowspan="2">条</td><td rowspan="2">敷设、焊(绕、卡)接、试通</td></tr>
<tr><td>y61601007</td><td>中间配线架改接跳线、总配线架带电改接跳线</td></tr>
<tr><td>y61601008</td><td>程控电话交换设备</td><td>架</td><td>机架、机盘、电路板安装测试</td></tr>
<tr><td>y61601009</td><td>维护终端、打印机、话务台报警设备</td><td>1.名称
2.型号</td><td>台</td><td>安装、测试</td></tr>
<tr><td>y61601010</td><td>程控车载集装箱</td><td>1.名称
2.型号
3.规格</td><td>箱</td><td>安装</td></tr>
<tr><td>y61601011</td><td>用户集线器(SLC)设备</td><td>1.名称
2.型号</td><td>线/架</td><td rowspan="2">安装、测试</td></tr>
<tr><td>y61601012</td><td>程控用户交换机(PABX)</td><td>1.名称
2.型号
3.规格
4.容量</td><td>套</td></tr>
</table>

续表 F.16.1

项目编码	项目名称	项目特征	计量单位	工程量计算规则	工 程 内 容
y61601013	交接箱	1. 名称 2. 型号 3. 规格 4. 安装方式	个	按设计图示数量计算	安装、制作尾巴电缆、测试、对号
y61601014	电话插座				
y61601015	电话单机		部		安装、测试
y61601016	话机保安器		个		
y61601017	充气设备		套		
y61601018	气压表/气门		个		
y61601019	报警器				
y61601020	布放、安装充气管		根		
y61601021	指令通信主机系统		台		
y61601022	话站				
y61601023	扬声器				
y61601024	自动指令装置调试				
y61601025	数字全天候话站				
y61601026	数字台式话站				
y61601027	数字式服务话站				
y61601028	无线对讲车载台	1. 名称 2. 型号 3. 规格			
y61601029	无线对讲手持机		个		

续表 F. 16. 1

项目编码	项目名称	项目特征	计量单位	工程量计算规则	工 程 内 容
y61601030	无线通信车载终端	1. 名称 2. 型号 3. 规格	台	按设计图示数量计算	安装、测试
y61601031	无线通信车载天线系统		系统		
y61601032	GPS 跟踪装置		台		
y61601033	GPS 跟踪系统		系统		

F. 17 火灾自动报警系统工程

F. 17. 1 火灾自动报警系统 工程量清单项目设置及工程量计算规则，应按表 F. 17. 1 的规定执行。

表 F. 17. 1 火灾自动报警系统(编码:y61701)

项目编码	项目名称	项目特征	计量单位	工程量计算规则	工 程 内 容
y61701001	点型探测器	1. 名称 2. 型号 3. 类型	套	按设计图示数量计算	安装、调试
y61701002	线型探测器	1. 名称 2. 型号 3. 安装方式	m		
y61701003	手动报警按钮、警铃、闪光报警器	1. 名称 2. 型号	套		
y61701004	控制模块	1. 名称 2. 输出形式	只		
y61701005	报警控制器设备	1. 名称 2. 型号 3. 多线制 4. 总线 5. 控制点数	台		
y61701006	联动控制器设备				
y61701007	重复显示器				
y61701008	远程控制器				
y61701009	接线箱	1. 名称 2. 规格			
y61701010	功放装置	1. 名称 2. 型号 3. 功率			

续表 F.17.1

项目编码	项目名称	项目特征	计量单位	工程量计算规则	工 程 内 容
y61701011	录音机	1.名称 2.型号	台	按设计图示数量计算	安装、调试
y61701012	广播分配器				
y61701013	消防广播控制柜	1.名称 2.型号 3.规格 4.点数			
y61701014	消防通讯交换机	1.名称 2.型号 3.门数			
y61701015	消防通讯配线架				
y61701016	消防通讯分机	1.名称 2.型号			
y61701017	灭火自动控制装置	1.点数 2.类型	系统		
y61701018	正压送风阀、排烟阀、防火控制阀		t		

F.18 铁 路 信 号 工 程

F.18.1 铁路信号 工程量清单项目设置及工程量计算规则，应按表F.18.1的规定执行。

表 F.18.1 铁路信号(编码:y61801)

项目编码	项目名称	项目特征	计量单位	工程量计算规则	工 程 内 容
y61801001	信号机、信号表示器	1.名称 2.型号 3.类型	套	按设计图示数量或设备清单计算	本体安装、调试
y61801002	信号标志				
y61801003	信号托架	1.名称 2.规格 3.材质 4.高度			
y61801004	信号机柱、梯(材质、高度)				
y61801005	道口信号及栏木装置	1.名称 2.型号 3.类型 4.控制方式	台		组装、本体安装、调试

续表 F.18.1

项目编码	项目名称	项目特征	计量单位	工程量计算规则	工 程 内 容
y61801006	道口自动报警装置	1. 名称 2. 型号 3. 规格 4. 控制方式	台	按设计图示数量或设备清单计算	组装、本体安装、调试
y61801007	车辆减速器				
y61801008	按钮柱及限界检查器				
y61801009	电动转撤机				
y61801010	电动转撤机控制箱				
y61801011	继电器箱及防震架				
y61801012	轨道电路：变压器箱				
y61801013	电缆盒				
y61801014	中继箱	1. 名称 2. 型号 3. 规格 4. 类型		按设计图示数量计算	组装、本体安装、电源检查、设备检测、调试
y61801015	信号电缆柜				
y61801016	集中分线柜				
y61801017	集中走线架				
y61801018	集中组合架和综合架				
y61801019	继电器柜				
y61801020	电气集中控制台			按设计图示数量或设备清单计算	本体安装、电源检查、设备检测、调试
y61801021	微机联锁控制台				
y61801022	人工解锁按钮台				
y61801023	集中检测柜				
y61801024	调度集中控制设备				
y61801025	列车自动防护设备				

续表 F.18.1

项目编码	项目名称	项目特征	计量单位	工程量计算规则	工　程　内　容
y61801026	自动防护车载设备	1. 名称 2. 型号 3. 规格 4. 类型	台	按设计图示数量或设备清单计算	本体安装、电源检查、设备检测、调试
y61801027	自动运行车载设备				
y61801028	列车识别车载设备				
y61801029	遥测、遥控装置				
y61801030	遥测、遥控设备盘(柜)				
y61801031	天线装置				